中国市树

郄光发　曹丽雯　牟少华　姜莎莎　著

科学出版社

北京

内 容 简 介

市树是一个城市的名片，与一般树木相比，它具有更多的人文价值，代表着一个城市独具特色的资源禀赋、文化底蕴和风范品格。本书对全国34个省级行政区348个地级以上城市市树的应用状况进行了系统梳理，分析了我国市树选用的整体特征和市树的区域分布状况，阐述了每一种市树所蕴含的文化底蕴、时代特色和习性特征，并对市树应用中存在的一些问题进行了分析，提出了一些合理化的建议，期望可以为我国城市市树选择应用与绿化工作提供参考和支撑。

本书可供城市森林、城市园林、生态文化、植物学等相关专业人员参考，并适合普通读者阅读鉴赏。

审图号：GS(2018)6594 号

图书在版编目（CIP）数据

中国市树 / 郄光发等著. —北京：科学出版社，2019.6

ISBN 978-7-03-061175-8

Ⅰ.①中… Ⅱ.①郄… Ⅲ.①城市林－树木－介绍－中国 Ⅳ.①S731.2

中国版本图书馆CIP数据核字（2019）第087344号

责任编辑：张会格 / 责任校对：郑金红
责任印制：肖　兴 / 封面设计：铭轩堂

科 学 出 版 社 出版

北京东黄城根北街16号
邮政编码：100717
http://www.sciencep.com

北京汇瑞嘉合文化发展有限公司 印刷

科学出版社发行　各地新华书店经销

*

2019年6月第　一　版　开本：889×1194 1/16
2019年6月第一次印刷　印张：12 3/4
字数：392 000

定价：198.00元

（如有印装质量问题，我社负责调换）

前　言

市树是城市居民对某一植物所依附的文化传统和精神情感的集中反映，是城市生态文化的重要标识和特色名片。从 20 世纪 80 年代开始，随着全民义务植树运动的深入实施，我国市树评选工作也在各个地级以上城市逐步开展，但对于县级城市而言，目前开展市（县）树评选工作的城市还比较少见，仅在目前一些正在创建国家森林城市的县级城市中逐步开展起来。市树的评选和推广工作在很大程度上也是宣扬生态文明理念的过程，既增强了广大市民植绿爱绿的意识，又美化了城市生态环境，还提升了城市的文化品位。截至目前，我国大多数地级以上城市已选定了市树，但仍有 100 余个城市尚未选定市树。同时，在已选定市树的城市中也仍有一部分城市存在市树应用不广泛、运用不合理等诸多问题，也有少数城市只为"求新求洋"，盲目跟风选择了本地非适生树种作为市树。从整体上看，我国在市树选择应用和宣传管护中还有很多亟待改进之处，科学规范地选用市树仍是我国城市绿化建设过程中一个需要进一步加强的发展方向。

本书对全国 34 个省级行政区 348 个地级以上城市市树的应用状况进行了系统梳理，分析了我国市树选用的整体特征和区域分布状况。同时，在整理过程中也发现了一些比较有趣的事情：一是大家所熟知并喜爱的几个树种，如国槐、香樟、银杏、榕树、柳树等，不出意料地成为最受欢迎的市树树种，其中国槐、香樟均被 49 个城市选为市树，这一结果也大大超乎很多人的想象。二是有不少城市同时选用了两个树种作为市树，仔细数来竟也有 27 个城市之多，这或许也是人们对树木情感的一种独特表达方式，在选择面前确实"难以取舍"。三是市树不一定都是高大挺拔、姿态优美的树种，有不少城市把苹果树、荔枝树、龙眼、桃树、南果梨等果树选为自己的市树，由此看来经济贡献也是人们衡量市树的一把重要标尺，选市树不仅仅是"选美"，还要看社会贡献。四是市树和市花有些时候是难舍难分的，如白兰是广东省清远市和广西壮族自治区玉林市的市树，但同时也是广东省佛山市的市花。五是市树的地名文化十分丰富。在我国的众多地名中，以樟树、槐树、银杏、榆树、桂花、枣树等树木来命名的地方十分普遍，其中我国南方以樟树为名的地方较多，既有樟树市，又有樟树乡，还有众多以樟湖、樟溪、樟河、樟桥、樟田、樟石、樟岩等为名的村镇；而在我国北方，以榆树为名的地方相对较多，仅以榆树命名的县市就有榆林市、榆树市、榆中县、榆次县（现改为榆次区）、瞻榆县（现已划入通榆县）、通榆县等，而以榆林镇、榆树屯、榆树沟、榆树坡、榆树堡、榆树川、榆树林、榆树园、榆树湾、榆木岭等为名的村镇也是数不胜数，这些地名的存在充分体现了树木在民间生活中的重要性。在此基础上，本书还梳理了每一种市树所蕴含的文化底蕴和时代特色，对市树应用中存在的一些问题进行了分析，并提出了一些合理化的建议，以便为我国城市市树选择应用与绿化工作提供参考和支持。

本书为国家林业局林业公益性行业科研专项"美丽城镇森林景观的构建技术研究与示范"

（201404301）的一项成果。本书的编写历时近两年，凝聚了众多人的辛劳和智慧。在此，要特别感谢中国林业科学研究院叶智书记对本书编纂工作给予的热忱鼓励和悉心指导，感谢项目主持人王成研究员对本书给予的良好建议和帮助。在数据调查过程中，国家林业和草原局宣传办公室马大轶副主任、刘宏明处长和范欣老师给予了大力支持，从下发表格到汇总数据，付出了大量心血。在图片收集与整理过程中，福建农林大学董建文教授和陈湜博士、中国林业科学研究院亚热带林业研究所史久西高级工程师、中国林业科学研究院热带林业研究所裴男才副研究员、华南农业大学秦新生博士、广西大学马仲辉博士、中国科学院华南植物园徐勇博士等人都提供了很多宝贵资料。在本书构思和撰写过程中，吴泽民教授、贾宝全研究员、邱尔发研究员、徐程扬教授、陈步峰研究员、张志强教授、慕长龙研究员、董建文教授、许景伟研究员、唐洪辉教授级高级工程师、史久西高级工程师、廖菊阳研究员、赵庆高级工程师、黎燕琼副研究员等也都给予了很好的建议。另外，国家林业和草原局城市森林研究中心孙朝晖、古琳、詹晓红、张昶、孙振凯、孙睿霖等多位老师也为本书的编辑出版提供了很大帮助，在此一并表示感谢。

由于著者能力有限，书中不足之处在所难免，敬请广大读者批评指正。

著　者

2018 年 7 月

目　录

第一章　市树文化溯源

市树是一个城市的名片，与一般树木相比，它具有更高的人文价值，代表了一个城市独具特色的资源禀赋、文化底蕴和风范品格。市树之所以受到城市居民的欢迎，有的是因为景观价值突出，有的是因为生态价值突出，还有的是因为经济价值显著，但无论哪种市树，都寄托了人们对其本身蕴含的独特人文内涵的期许。若要深究选择哪种市树的原因，最终还要看这个树种在当地人们心中的地位。树有万种，文化底蕴各有不同。我们敬重市树，并将它看作文化的传承者、历史的见证者、地名的启迪者和城市的工作者。

第一节　文化的传承者

市树本身蕴含了十分灿烂丰富的文化。在我国源远流长的历史文化长河中，先贤给我们留下了上百万首与树木密切相关的托物言志的佳作，树木已经成为历代文人墨客表达思想、抒发情感、展现人格的忠实伴侣。同时，祖辈还给我们留下了数不清的与树木相关的典故与传说，成为灿烂中华文明中非常重要的一个组成部分。我们结合当今的市树，选择几个主要树种进行简要叙述。

国槐：国槐是我国选用最多的市树树种，其栽植应用历史悠久。我国古人普遍植槐、敬槐、崇槐，喻其庇荫后世源远流长。《周礼·秋官》有记载，周代宫廷外种有三棵槐树，三公朝见天子时，就站在槐树下面。三公是指太师、太傅、太保，是周代三种最高官职的合称，后人因此也用"三槐"比喻"三公"，成为三公宰辅官位的象征。清河北《文安县志》载："古槐，在戟门西，清同治十年东南一枝怒发，生色宛然，观者皆以为科第之兆。" 于是槐树就成了莘莘学子心目中的偶像、科举吉兆的象征，并常以槐指代科考，考试的年头称"槐秋"，举子赴考称"踏槐"，考试的月份称"槐黄"。在我国，国槐还是吉祥和祥瑞的象征，古代民间就有"门前一棵槐，不是招宝就是进财"的俗语，故人们种植槐树以讨取吉兆、寄托希望。槐树更有怀祖寄托的象征，那首"问我祖先来何处，山西洪洞大槐树"的民谣，用传唱记载了明初百万人口大规模迁徙的悲壮之旅。移民到达新地建村立庄之时，在村口植槐以寄托怀祖思源之情。

银杏：银杏是我国选用较多且栽植范围最广的市树，又被称为公孙树，是健康长寿、多子多福的象征。银杏作为我国最长寿的树种之一，若遇天旱、虫灾、雷击、火烧、人为破坏等天灾人祸，其树体枝干部分会死亡一两年或数年不发芽长叶，但是树的根部和生长层并没有死亡，一旦营养充足，外部环境适宜，又会重新发芽长叶，死而复生。从古至今，银杏树就被人们视为福树，被看作一种存在于超自然的神灵、一种冥冥中神秘的象征，公孙树的名称就体现出这一意义。银杏树是雌雄异株，根系发达，繁衍时多居于附近，形成一个体系、树群，这就如同一个人丁兴旺的家族，多代同堂，充满祥瑞之意。因此，在我国大多数庙宇中，人们都可以见到银杏古树，在百姓的房前屋后也会种植银杏树，以象征健康长寿、多子多福、人丁兴旺。

松树：在民间，人们喜欢将松属植物统称为松树。目前，我国以松树作为市树的城市很多，雪松、油松、黄山松、赤松等都是市树选择对象。松树是中华民族的吉祥树、长寿树，自古就有"寿比南山不老松"的寓意，自然也是贺寿之首选。在中华民族漫长的文化历史中，松树一直象征着长青，也象征着中华民族生生不息的精神。古往今来，松树一直被人们作为寄托对象来抒写与表达，如"何当凌云霄，直上数千尺"写出松树的高远志向；"大雪压青松，青松挺且直。要知松高洁，待到雪化时"写出松树的坚强不屈；"瘦石寒梅共结邻，亭亭不改四时春"表现出松树的乐观向上。松树正是因其丰富的人文内涵和精神品质，才为人们所称颂、喜爱，也成为城市绿化文化树种的典型代表。

榕树：榕树是我国南方城市重要的城市绿化树种。福州市因城内种植榕树众多而被称为"榕城"，海南民间不少地方把榕树作为"神树"或"圣树"。榕树为大众广布绿荫，具有庄严稳重、顽强进取、意气昂扬的形象风格。榕树也因"一冠盖三亩，长寿逾千年"的特性，被人们咏颂为：寿命长千年，体态尤壮观；砍头不要紧，肢离仍复生。点景随人意，绿化效果好；粗生且易养，处处可安家。同时，榕树还具有"独木成林""母子世代同根"的特性，是木本植物世界中最为独特的现象，被视为长寿、吉祥的象征，寓意荣华富贵。

桂花：我国桂花栽培历史达 2500 年以上。春秋战国时期《山海经·南山经》提到招摇之山多桂。《山海经·西山经》提到皋涂之山多桂木。屈原的《九歌》有"援北斗兮酌桂浆""辛夷车兮结桂旗"。《吕氏春秋》盛赞："物之美者，招摇之桂"。由此可见，自古以来，桂就受人喜爱。到了汉代以后，桂花成为名贵花卉，象征着美好，多被用作贡品上献给皇宫贵族。特别是仲秋时节，丛桂怒放，夜静轮圆之际，把酒赏桂，陈香扑鼻，令人神清气爽。据明代沈周《客座新闻》记载："衡神词其径，绵亘四十余里，夹道皆合抱松桂相间，连云遮日，人行空翠中，而秋来香闻十里"，可见当时已有松桂相配作行道树的做法。在传统园林配置中，人们还常把桂花与玉兰、海棠、牡丹相结合，将这 4 种传统名花同植庭前，以取玉、堂、富、贵之谐音，喻吉祥之意。特别值得一提的是，古人常在住宅四旁或窗前栽植桂花树，待到花开时节，便能收到"金风送香"的效果。桂花的花语也象征着我国人民对于美好的追求与向往，寓意"崇高""美好""吉祥""友好""忠贞之士""芳直不屈""仙友""仙客"；以桂枝喻"出类拔萃之人物"及"仕途"，凡仕途得志，飞黄腾达者谓之"折桂"。

榆树：榆树是我国栽植历史和利用历史最久远的树种之一。我国古代人植榆除材用外，还广泛盛植作为行道树、护堤树、园林风景树和边防林。榆树的历史文献和考古资料证实其起源于商周时期，周代以后得到了大力发展，保持着长盛不衰的历史景象。秦汉时期出现了我国历史上第一次大规模的植榆活动。《汉书·韩安国传》载："后蒙恬为秦侵胡，辟数千里，以河为竟，累石为城，树榆为塞，匈奴不敢饮马於河"，可以看出秦国大将蒙恬率军在北方抗御匈奴时，植榆树形成密林以为城塞，使得匈奴骑兵不能轻易南下袭扰，成为我国历史上最早的绿色长城。六朝时期史籍中对植榆记载较多，而到宋代出现了栽种榆树更为盛行的时代，道路、河堤均种植榆树，北宋都城汴京开封城街道就是以种植榆柳而著称的。在长期的用榆和植榆历史过程中，我国形成了崇拜榆树的独特文化现象，也形成了"北榆南榉"的榆木家具文化。所以，从古至今，榆木倍受欢迎，是上至达官贵人及文人雅士、下至黎民百姓制作家具的首选。

柳树：柳树也是民间对柳属植物的统称。柳树因其美丽的形态、婀娜的风姿成为我国树木文化中的一个独特符号，有着深厚的文化底蕴，并往往与青春貌美的女子有所联系。人们常用"柳眉弯弯"来形容女子的眉目清秀，用"楚楚柳腰"来形容女子的蛮腰纤细。在我国，柳树与美女的这种联系已经超过了千年，它代表着女性的柔美，在许多脍炙人口的语言文字中，柳树也多被用来形容漂亮的女子，寄托着诗人的情感经历和生命体验，成为一种情感媒介，让人回味无穷。另外，"柳"者，"留"也，古人"折柳"相留，说的便是分别时依依不舍之意，若将柳种植于檐前屋后，依依杨柳总让人想起故国、家园、恋人，柳便成了故乡故国的象征，隐喻了一种相思之情。柳树不仅寄托着情感，还蕴藏着风水文化，古时就有"前不栽桑，后不栽柳"之说，在风水学上柳树属于阴性植物，主风流、阴邪等，同时柳树也起着洁净辟邪的作用。关于柳树还有一个趣事，河南省开封市定市树为"杨柳"，其实就是垂柳，只是隋炀帝开凿成运河后，在堤坝上栽种柳树，并御笔赐垂柳姓杨，故称"杨柳"而已。

玉兰：自古以来，我国人们就喜欢栽植玉兰。乾隆皇帝和他的母亲都非常喜欢玉兰树，他为母亲祝寿建设清漪园，从全国各地收集了一批名贵的玉兰树，并建成玉兰堂，形成著名的玉香海景观。玉兰花不仅花美，香气宜人，还代表着吉祥与富贵，鲁迅先生还曾称赞白玉兰有"寒凝大地发春华"的刚毅性格。由于玉兰花文化与广大人民群众日常生活密切相关，因而也深深地融入我国特有的民俗文化之中。起源于我国的"二十四番花信风"与二十四节气相对应，是中华花文化的重要体现之一。其中"立春"节气之第三候的代表花信风是"白玉兰仙子"望春花，因此，我国古代人民又将洁白如雪、清香如兰的玉兰称为"望春花"。

侧柏：侧柏乃百木之长，素为正气、高尚、长寿、不朽的象征。自古以来侧柏就常被栽植于寺庙、陵墓和庭园中，大片的侧柏营造出肃静清幽的气氛。陕西省黄陵县黄帝陵轩辕庙内有许多侧柏，其中有一棵侧柏被人们称为轩辕柏，相传为黄帝手植。轩辕黄帝是五千年中华文明古国的奠基者，黄帝手植柏被看成黄帝精神，也是中华民族精神的象征。关于侧柏，可能很多人不知道它还有对爱情的象征意义。在潭柘寺的毗卢阁前，一棵柏树和一棵柿树，两棵不同树种，却百年相伴共生，像情侣紧紧贴在一起，故有"百事（柏柿）如意"之意。还有故宫御花园天一门内的连理柏，是两棵古柏，双干跨中轴线上，其上部相对倾斜生长，而它们的树冠相交缠绕，树干相交部位已融为一体，相伴生长，被人们视为忠贞爱情的象征。

合欢：合欢在我国传统文化中有吉祥之花之意，自古以来人们就有在宅第园池旁栽种合欢树的习俗，寓意夫妻和睦，家人团结，对邻居心平气和，友好相处。清人李渔说："萱草解忧，合欢蠲忿，皆益人情性之物，无地不宜种之。……凡见此花者，无不解愠成欢，破涕为笑，是萱草可以不树，而合欢则不可不栽。"因为合欢花的小叶有朝展暮合的特性，古时夫妻争吵，言归于好之后，便有共饮合欢花茶的习惯。因此，人们也常常将合欢花赠送给发生争吵的夫妻，或将合欢花放置在他们的枕下，祝愿他们和睦幸福，生活更加美满。朋友之间如发生误会，也可互赠合欢花，寓意消怨合好。

枣树：自古以来，枣就与桃、李、梅、杏并称为"五果"，在我国民间，有很多关于枣的说法："一日吃三枣，终生不显老""五谷加大枣，胜过灵芝草""若要皮肤好，粥里加大枣"等，因此，枣也被称为"百果之王"。枣被历代诗人写入诗词歌赋中，咏颂枣树的诗文也比比皆是。唐代诗人李颀吟咏"四月南风大麦黄，枣花未落桐阴长"，唐代另一著名诗人刘长卿诗云"行过大山过小山，房上地下红一片"，宋代诗人张耒写到"枣径瓜畦经雨凉，白衫乌帽野人装"，清代庆云县令桂山吟道"正是晴和好时节，枣芽初长麦初肥"，透过这些诗文，我们就像穿越了时空隧道，能够尽情地领略先前枣乡风光、感受历史沧桑、回味古人先贤爱枣的情怀。另外，枣树还寄寓着人们的良好愿望，庭院中栽植枣树，婚俗中把枣和栗子放在一起，都有祝愿新婚夫妇"早生贵子"的象征意义。

梧桐：梧桐是我国有诗文记载的最早的著名树种之一，其独特的象征意义深受文人墨客的喜爱。梧桐有吉祥之象征，古人常把梧桐和凤凰联系在一起，人们常说："栽下梧桐树，自有凤凰来"。有条件的人家常在院子里栽种梧桐，不但因为梧桐有气势，而且更看重它是祥瑞的象征。另外，梧桐还有秋天之象征，便有了"梧桐一叶落，天下尽知秋"的佳句。同时，梧桐还有表达爱情之象征，梧桐树枝叶相交象征着缠绵悱恻、至死不渝的爱情。唐代著名诗人孟郊《烈女操》诗有"梧桐相待老，鸳鸯会双死"，贺铸《鹧鸪天·重过阊门万事非》有"梧桐半死清霜后，头白鸳鸯失伴飞"的绝美佳句，这便是对爱情最好的表达。

竹子：竹子似树非树，虽然是一种禾本科植物，但贵阳市仍旧选其为市树，可能与竹子在中华文化和中国人生活中的地位有关。我国是世界上竹子分布最多、利用最丰富的国家，素有"竹子王国"之称，第一个总部落户中国的国际机构——国际竹藤组织就坐落于北京。中国竹文化灿烂而丰富，我国著名林学家彭镇华先生主编的《绿竹神气》一书记载了上万首与竹有关的诗词，记叙了千百年来中国利用竹子的历史。竹子在中国是一种精神图腾，"宁可食无肉，不可居无竹"就是人们对竹子喜爱程度的真实写照，也象征了中国人端直谦卑、宁折不弯的精神。竹子浑身是宝，在人们的日常生活中更是随处可见，如竹笋、竹楼、竹床、竹凳、竹篮、竹筏和各种新型竹材制品，深深地影响着中国人的衣、食、住、行。

第二节　历史的见证者

古树历经无数风雨寒暑，至今依旧傲然挺立，是活的文物，是历史的见证，也是一方水土、一个城市的精神图腾。

在陕西省黄陵县轩辕庙内，有一棵大树，高 20 余米，胸径 11m，当地人有句谚语："七搂八揸半，圪里圪垯不上算"，可谓七人合抱犹不围。此树苍劲挺拔，冠盖蔽空，叶子四季不衰，层层密密，像个巨大的绿伞，相传它为轩辕黄帝亲手所植，距今 5000 多年，是世界上最古老的柏树。这棵黄帝亲手栽植的柏树沐浴了 5000 年的风风雨雨，目睹了中华民族的荣辱兴衰，至今依然苍翠挺拔，枝繁叶茂，显示出无比强大的生命力。每一位炎黄子孙，倘若站在此树下，定会凝神驻足，肃然起敬，会情不自禁地沉思自己从何处而来，根在哪里，也会不由自主地回望中华民族的历史文明和风雨历程。

纵观中华大地，全国现有古树 300 万棵左右，这些古树凝聚起来就是一个民族的历史，也绘就了一个个城市的历史记忆。在我国，树龄最长的古树估计要数银杏了。目前，世界上最老的银杏树就在贵州省福泉市，大约有 6000 年的树龄，胸径十分粗大，是一棵公树。山东省莒县浮来山也有一棵 3000 多年树龄的银杏，据说这棵银杏是西周时周公东征时栽种的，生命力极其顽强。另外，我国很多地区保存有成百上千年的古樟，在广西桂林市全州县锦塘山谷就有一棵巨大的古樟，高 30m、胸径 6.6m，至今已有 2000 多年。一些地区还保存有"唐樟""宋樟"，如福建省尤溪县南溪书院左侧有 2 棵古樟树，树高均有 30m，胸径分别有 108cm 和 78cm，是朱熹所植，又称"沈郎樟"。像这样树龄上千年的古树在我国还有很多，一棵树就是一部历史，值得我们去仔细体味。

树木不仅见证着历史，也正书写着历史。江苏省盐城市的大丰区被誉为"水杉之乡"，水杉是世界珍稀的孑遗植物，素有"活化石"之称，它对于古植物、古气候、古地理和地质学，以及裸子植物系统发育的研究均有重要的意义。因此，水杉树的发现被称为 20 世纪植物学上的最大发现，江苏省盐城市的大丰区拥有水杉母树 5740 棵，每年产籽 1000kg 左右，为世界稀有品种。位于湖北省利川市谋道镇下街口凤凰山下，有一棵被誉为"天下第一杉""水杉王""植物活化石"的水杉古树，是世界上年龄最大，胸径最粗的水杉母树，树高 35m，胸径 2.48m，冠幅 22m，迄今树龄已达 600 余年。至今先后已有 80 多个国家和地区的植物学家亲赴利川考察引种，因此水杉树也成为我国与世界各国传播友谊的使者。

树木在见证一个城市发展的过程中，有时还会产生一些美丽的误会。例如，我们常说的法国梧桐（三球悬铃木）并非产自法国。17 世纪，在英国牛津人们用一球悬铃木（又称美国梧桐）和三球悬铃木作亲本，杂交成二球悬铃木，取名英国梧桐。因为是杂交，没有原产地，法国人把它带到上海法租界内广泛栽植后，人们就称它"法国梧桐"，人云亦云，沿用至今。现在很多人认为法桐是在 19 世纪末才传入我国的，而实际上早在晋代时就已传入我国，陕西省西安市鄠邑区存有古树，在当地被称为祛汗树或鸠摩罗什树。相传印度高僧鸠摩罗什入我国宣扬佛法时携入栽植，西安市西南鄠邑区鸠摩罗什寺曾有 2 棵大树，直径达 3m。虽然传入我国较早，但长时间未能继续传播。悬铃木大量传入我国约在 20 世纪前 20 年，目前我国普遍种植的以杂种"英桐（二球悬铃木）"最多。南京的法国梧桐是南京历史的遗存物，民国时期，国民政府定都南京，1928 年，为迎接孙中山先生遗体从北京来到南京中山陵下葬，国民政府修建了从下关中山码头到中山陵的道路，并且在路边种植了 2 万棵法国梧桐树，梧桐树成为国民政府首都建设的见证，也是对孙中山先生的一种怀念，成为整个南京市在那个历史时期城市街道市容不可或缺的景观和城市名片，是民国文化的映象。可以说，树木既承载着历史，又承载着经久不衰的城市文化。

第三节　地名的启迪者

在我国众多地名中，我们会惊奇地发现有很多地方是以树木名称来命名的。其中，以樟树、槐树、银杏、榆树、桂花、枣树等树种命名的相对较多。

特别是在我国南方地区，以樟树为名的地名数不胜数，如江西省宜春市下辖有一个县级市称樟树市，这也是我国唯一以樟树全称命名的城市，市内设有樟树乡。而以樟树命名的镇、乡、村、组、社区、路等在南方地区比比皆是，以樟湖、樟溪、樟河、樟桥、樟田、樟石、樟岩等与樟相关的名称命名的村镇也是不胜枚举。这些地名的存在充分体现了樟树在民间生活中的重要性。

而在我国北方地区，许多城市、镇、村用榆树来命名的也特别多，如以榆树命名的县市就有榆林市、榆树市、榆中县、榆次县（现改为榆次区）、瞻榆县（现已划入通榆县）、通榆县等。吉林省榆树市，由土名孤榆树演化而来，其地名的由来有两种说法：一种说法，据《满洲地名考》记载：市街用土壁围绕，在土壁之上生长着繁茂的榆树，由远望去如同森林，故此地得名为榆树。另一种说法，地名源于城南的一棵参天古榆树，据说这棵榆树需10余人合抱。而树的周围百米无其他树木生长，目标明显，引人注目。明至清初，从宁古塔（今宁安市）等地移居的汉人，在此树周围垦荒建屯，称为大孤榆树屯。后来垦荒的人口增多，渐成集镇，于是大孤榆树屯的名称逐渐传开，后来又称孤榆树，县名榆树便由此演变而来。秦代名将蒙恬为防止北方匈奴人的袭扰，辟数千里，垒石为城，因广植榆树，"树榆为塞"，陕西省榆林市因而得名。甘肃榆中县得名也与植榆有关，历史地理学家史念海先生指出："现在兰州市东南有一个榆中县，其设县和得名，当与栽种榆树有关。"榆关是今河北秦皇岛市山海关的古称，明蒋一葵《长安客话》卷七载："今词人仍称山海关曰榆关。按秦蒙恬破胡，植榆为塞，故塞下多榆木，榆关之名起此。"另外，以榆树命名的镇村则更多。北京市丰台区有榆树庄，海淀区有双榆树、榆树林和榆树里小区，西直门有榆树馆，延庆有大榆树镇，康庄有榆林堡；宁夏回族自治区平罗县有榆树沟；黑龙江省齐齐哈尔市有榆树屯乡，哈尔滨市有后榆树；辽宁省沈阳市苏家屯区城郊乡有榆树台、前榆树台，鞍山市海城市有榆林，昌图县有古榆树，梨树县有大榆树，集安县有榆树林子；吉林省安图县有榆树川，舒兰市有榆树沟、通化县有三棵榆树；河南省洛阳市有榆树园，南阳市镇平县和南阳市百里奚有榆树庄，安阳市有榆林店；山东省烟台市西有榆树庄；陕西省榆林市有榆树湾；内蒙古自治区通辽市开鲁县有大榆树；江苏省苏州市有榆树坊；新疆维吾尔自治区昌吉市有榆树沟、霍城县萨尔布拉克有怪榆沟等；甘肃省金塔县有榆树井；湖南省芷江县有榆树湾；等等，数不胜数。

在我国，广为栽植的银杏树也是地名中的常用词，我国有许多以银杏树（白果树）为地名的地方，如湖北省麻城市的白果镇，浙江省诸暨市的银杏街、银杏村，江苏省镇江市丹徒区石桥乡的银杏山房村落，安徽省金寨县果子园乡的白果村、白果树湾，河南省嵩县和西峡县的白果坪、安阳市的银杏巷，山东省郯城县的白果树村，四川省青城山的银杏阁，甘肃省徽县的银杏乡等。

在整理本书的过程中，我们发现还有其他很多树木地名，数不胜数，如以槐树命名的，河北省晋州市槐树镇、山西省古县岳阳镇槐树村、湖南省张家界市慈利县高峰乡槐树村等。再如山东省枣庄市、广东省珠海市的荔湾区、湖北省黄冈市的黄梅县、湖南常德市的桃源县、台湾省的桃园县与桃园市等也都分别以果树命名。

第四节　城市的工作者

我国很多树种，特别是一些经济树种，都已经有了很长的栽培利用历史，并为保障一个地方人民的生活做出了重要贡献，发挥了十分重要的作用，所以说树木在一定程度上也像一个"城市的工作者"。也正是由于这种突出的贡献，很多经济树种才被一些城市选为市树，如陕西省延安市的苹果树、辽宁省鞍山市的南果梨、山东省菏泽市的木瓜树、山东省枣庄市和德州市的枣树、宁夏回族自治区固原市和台湾省桃园市的桃树、福建省莆田市及广东省深圳市和东莞市的荔枝树、四川省泸州市的龙眼、湖北省宜昌市的橘树、海南省海口市和三亚市的椰子树等，这些城市均选用果树作为市树。

例如枣树，在我国有文字记载的栽培历史已有3000多年，最古老的著述出现于《诗经》，《诗经·豳风·七月》有"八月剥枣，十月获稻"；《魏风》有"园有棘，其实之食"；《小雅》有"营营青蝇，止于棘"；《秦风·黄鸟》有"交交黄鸟，止于棘"，其中棘，指的就是枣树。儒家经典对枣的记述更为详尽，《周礼·天官·笾人》讲道"馈食之笾，其实枣、卤、桃、榛实"；《仪礼·聘礼》说，枣、栗还是古代诸侯相互借路相互问候之际带给掌管朝觐官员的礼物，用两个容量各盛一斗二升、上边有盖的方竹簋，一个装满枣，一个装满栗，一齐献上；《仪礼·既夕礼》说，在土葬前最后一次哭吊的晚上，祭品中要有枣糗、栗脯；《仪礼·特牲馈食礼》和《仪礼·有司》讲，诸侯及下边的官吏——士，每月初一祭庙，祭品种除有规定的牲畜外，均有枣和栗，而且枣栗由谁摆放，都有讲究。再以后《战国策·燕策一》记载，苏秦游说六国时，对燕文侯说："南有碣石、雁门之饶，北有枣栗之利，民虽不由田作，枣栗之实，足食于民矣。此所谓天府也。"这说明枣是当时燕国北方的经济命脉，是帝王考虑治国安邦国策的依据之一。对于枣树的栽植培育，《广物博志》有记载："周文王时，有弱枝之枣，甚美，禁止不令人取，置树苑中。"《齐民要术》的记载更为翔实："常选好味者，留栽之，候枣叶始生而移之""枣性坚强，不宜苗稼"。《尔雅·释木》是我国第一部记录解释枣品种的书，其记录的周代枣的品种已有壶枣、要枣、白枣、酸枣、齐枣、羊枣、大枣、填枣、苦枣、无实枣等十几种。到元代，《打枣谱》记录定型的枣的品种多达 72 种。到清代乾隆时期，《植物名实图考》所记录的枣的品种达到 87 种。

再如荔枝，我国荔枝栽种历史也十分悠久，宋仁宗嘉祐四年（1059 年），蔡襄编成《荔枝谱》一书，对荔枝的品种、地理分布、栽培、品种特征、产地、优劣、营养功能、采摘、加工方法和在国内外贸易的情况等，都做了空前详细的叙述。他被召入京任翰林学士权三司使时，曾将《荔枝谱》进呈仁宗御览，后刻印成书。据英国李约瑟博士编著的《中国科学技术史》考证，《荔枝谱》是现存的问世时间最早、内容最全面的水果专著，堪称世界上第一部果品分类学著作，此后此书被译成英文、法文、日文、拉丁文等多种文字出版，并流传于世界十几个国家和地区。

树木作为"城市的工作者"的另一个特征，还在于它突出的生态价值。例如，黑松作为一种耐旱、耐盐碱性良好的树种，近年来被广泛用于沿海防护林的建设中，它能够锁住流动的沙丘，改善生态环境，可用作防风、防潮、防沙林带及海滨浴场附近的风景林、防护林。目前，我国烟台、威海、旅顺、大连、杭州等地均栽植大量黑松沿海防护林，发挥了其他很多植物不可替代的作用。

在漫长久远的历史长河中，这种例子举不胜举，这些城市将各类经济树种作为市树，既体现着城市的产业特色，又是对城市人文历史内涵的继承和发扬，还对当代农民增收致富、农村经济发展和生态环境改善都起到了较大的促进作用。

第二章 市树选择与应用

第一节　评选标准与选定程序

一、市树确定原则

在市树的选择过程中，备选树种的地域适应性、乡土性、观赏性和文化特性等因子都是重要的考量因素。潘剑彬 2001 年曾提出市树市花确定的三项原则，在很大程度上体现了我国市树选择的整体特点和重要依据，本书在前期有关学者研究成果的基础上，对市树的确定原则进行了进一步归纳和完善。

(一) 充分考虑树种的地域特色和适应性

地域特色树种最能体现一个城市的综合地理特征和自然风貌，也是城市市树的首选，如吉林省延边朝鲜族自治州的长白赤松、安徽省黄山市的黄山松、浙江省舟山市的舟山新木姜子、陕西省汉中市的汉桂、辽宁省鞍山市的南果梨等，都是具有显著地理标识的地方特色树种。在市树的选择过程中，最基础的工作便是根据城市自然状况特征和不同地区的地域特征选择与之匹配的树种。同时，城市环境条件也影响着植物的生长种类及生长状况，市树的选择还要充分考虑植物对城市立地条件和人工环境的适应性，有些生长在野外的树种却难以适应城市环境，在市树的选择过程中，也应避开此类树种。

(二) 广泛应用乡土树种和优良适生外来树种

乡土树种对当地土壤、气候的适应性强，有地方特色，是市树选择的首要考量。乡土树种是按照森林自然生长规律在长期进化过程中生长形成的，是自然界留给我们的一笔宝贵的森林财富，也是森林资源通过长期的物竞天择、优胜劣汰自然演替的结果。乡土树种经过大自然的长期考验和多树种之间的竞争淘汰，形成了其在自然界中特定的生态地位，它为人类的生存提供了生态效益、社会效益、经济效益，故乡土树种有着其他树种不可替代的作用与地位，在市树的选择上，也应加强对乡土树种的应用。同时，有些城市也选用了当地生长状况良好且地域认同感强的非乡土树种。例如，天津市选用外来树种绒毛白蜡为市树，就是因为这一树种对当地土壤的高度适应性，由于天津为典型的盐碱性土壤，许多植物在此地的生长势较差，而引进树种绒毛白蜡很好地适应了当地的环境条件，且存活率高，故以绒毛白蜡为市树，是该城市最为合适的选择。

(三) 注重植物的观赏性特征

随着对美好文化生活的不断追求，人们对城市景观观赏性的要求也越来越高，市树对于城市景观的呈现及城市文化的表达起着重要作用。因此在市树的选择过程中，除要考虑植物自身的生态学特性外，也要注重其观赏特性，要求所用的植物种类从其枝干形态、色彩、果实、芳香等方面均可呈现出一种"美"的感受，符合当地的观赏性偏好。由于植物色彩在传达视觉特征、刺激人体视觉感受等方面要比植物景观的其他要素更加直接和重要，因此在市树树种观赏性的选择上，色彩是一个重要的元素。同时，树木本身就可以给人带来一种欣欣向荣的力量及正能量，加强植物观赏性的选择，将给城市中的人们带来更加良好的视觉体验。

(四) 具有丰富的城市人文内涵

市树是一个城市的文化符号，在很大程度上也是一个城市地域文化、特质形象的具体展现。中国历史悠久,文化灿烂,植物的许多特性都被古人赋予了良好的寄托,或表达对美好生活的向往,或表达自己独特的气质。在市树的植物选用上,早已不再是单纯地体现其观赏价值,植物的文化内涵同样具有很高的地位,更多地运用其特有的文化信息体现其独有的文化内涵,将时代赋予的植物的文化内涵与市树文化有机结合。例如,贵阳市选用竹子作为其市树,原因在于古代贵阳盛产竹子,被贵阳人熟知的夜郎文化就与竹子息息相关;同时,竹子高洁傲骨的人文内涵也成为其当选市树的重要依据,使人们有了更加深刻的城市认同感与归属感,代表着城市的整体形象。

二、市树选择程序

市树的选择具有权威性、民主性、规范性等特点,通过对已选定市树城市选择过程的综合分析发现,市树确立过程的每个环节都是相互联系的,其大致可以概括为以下 6 个步骤。

一是市委常委会决定开展评选活动,并广泛征集备选方案。

二是专家推荐,初步确定参选方案。

三是群众以投票方式广泛参与评选。

四是初步确定备选方案。

五是地方人大备案并讨论通过市树评选。

六是以政府文件的形式确立市树。

首先,专家的介入增强了市树选择上的专业性,确保选取的树种可在当地生长良好且可在城市内广泛应用。其次,群众的参与体现了选择过程的公正性,以便选出群众心中最具代表性的市树。最后,通过人大会议确定市树并以政府文件的形式公开市树选择结果,体现了评选结果的权威性。

第二节 整体应用状况

根据国家林业局 2017 年市树调查统计数据,结合统计年鉴和文献资料数据,统计分析了我国 34 个省级行政区 348 个地级以上城市的市树的整体应用状况(表 2-1)。

表 2-1 我国市树树种应用状况统计表

序号	市树名称	拉丁名	科属	应用城市数量
1	香樟	*Cinnamomum camphora* (L.) Presl	樟科 樟属	49
2	国槐	*Sophora japonica* L.	豆科 槐属	49
3	银杏	*Ginkgo biloba* L.	银杏科 银杏属	18
4	榕树	*Ficus* spp.	桑科 榕属	14
5	柳树	*Salix* spp.	杨柳科 柳属	10
6	雪松	*Cedrus deodara* (Roxb.) Loud.	松科 雪松属	8
7	桂花	*Osmanthus fragrans* (Thunb.) Lour.	木犀科 木犀属	7
8	油松	*Pinus tabuliformis* Carr.	松科 松属	6
9	广玉兰	*Magnolia grandiflora* L.	木兰科 木兰属	6
10	凤凰木	*Delonix regia* (Bojer) Raf.	豆科 凤凰木属	6
11	榆树	*Ulmus pumila* L.	榆科 榆属	5
12	红花紫荆	*Bauhinia blakeana* Dunn	豆科 羊蹄甲属	5
13	法桐	*Platanus orientalis* L.	悬铃木科 悬铃木属	4
14	玉兰	*Magnolia denudata* Desr.	木兰科 木兰属	4
15	枫树	*Acer* spp.	槭树科 槭属	4

序号	市树名称	拉丁名	科属	应用城市数量
16	白蜡树	*Fraxinus chinensis* Roxb.	木犀科 梣属	3
17	樟子松	*Pinus sylvestris* L. var. *mongolica* Litv.	松科 松属	3
18	荔枝树	*Litchi chinensis* Sonn.	无患子科 荔枝属	3
19	扁桃树	*Mangifera persiciformis* C. Y. Wu et T. L. Ming	漆树科 杧果属	3
20	侧柏	*Platycladus orientalis*（L.）Franco	柏科 侧柏属	2
21	云杉	*Picea asperata* Mast.	松科 云杉属	2
22	沙枣	*Elaeagnus angustifolia* L.	胡颓子科 胡颓子属	2
23	合欢	*Albizia julibrissin* Durazz.	豆科 合欢属	2
24	桃树	*Amygdalus persica* L.	蔷薇科 桃属	2
25	红松	*Pinus koraiensis* Sieb. et Zucc.	松科 松属	2
26	黑松	*Pinus thunbergii* Parl.	松科 松属	2
27	刺桐	*Erythrina variegata* Linn.	豆科 刺桐属	2
28	枣树	*Ziziphus jujuba* Mill.	鼠李科 枣属	2
29	女贞	*Ligustrum lucidum* Ait.	木犀科 女贞属	2
30	水杉	*Metasequoia glyptostroboides* Hu et Cheng	杉科 水杉属	2
31	白兰树	*Michelia alba* DC.	木兰科 含笑属	2
32	椰子树	*Cocos nucifera* L.	棕榈科 椰子属	2
33	绒毛白蜡	*Fraxinus velutina* Torr.	木犀科 梣属	1
34	小叶杨	*Populus simonii* Carr.	杨柳科 杨属	1
35	白皮松	*Pinus bungeana* Zucc.	松科 松属	1
36	苹果树	*Malus pumila* Mill.	蔷薇科 苹果属	1
37	七叶树	*Aesculus chinensis* Bunge	七叶树科 七叶树属	1
38	大叶榆	*Ulmus laevis* Pall.	榆科 榆属	1
39	天山云杉	*Picea schrenkiana* Fisch et Mey.	松科 云杉属	1
40	南果梨	*Pyrus ussuriensis* Maxim.	蔷薇科 梨属	1
41	桧柏	*Sabina chinensis*（L.）Ant.	柏科 圆柏属	1
42	杏树	*Armeniaca vulgaris* Lam.	蔷薇科 杏属	1
43	长白赤松	*Pinus sylvestris* L. var. *sylvestriformis*（Takenouchi）Cheng et C. D. Chu	松科 松属	1
44	龙柏	*Sabina chinensis*（L.）Ant. 'Kaizuca'	柏科 圆柏属	1
45	木瓜树	*Chaenomeles sinensis*（Thouin）Koehne	蔷薇科 木瓜属	1
46	刺槐	*Robinia pseudoacacia* L.	豆科 刺槐属	1
47	琅玡榆	*Ulmus chenmoui* Cheng	榆科 榆属	1
48	黄山松	*Pinus taiwanensis* Hayata（*P. hwangshanensis* Hsia）	松科 松属	1
49	香榧	*Torreya grandis* Fort. et Lindl. 'Merrillii'	红豆杉科 榧树属	1
50	南方红豆杉	*Taxus chinensis*（Pilger）Rehd. var. *mairei*（Lemee et Levl.）Cheng et L. K. Fu	红豆杉科 红豆杉属	1
51	舟山新木姜子	*Neolitsea sericea*（Bl.）Koidz.	樟科 新木姜子属	1
52	黄花槐	*Sophora xanthantha* C. Y. Ma	豆科 槐属	1
53	相思树	*Acacia confusa* Merr.	豆科 金合欢属	1
54	橘树	*Citrus reticulata* Blanco	芸香科 柑橘属	1
55	栾树	*Koelreuteria paniculata* Laxm.	无患子科 栾树属	1
56	杜英	*Elaeocarpus decipiens* Hemsl.	杜英科 杜英属	1
57	红树	*Rhizophora apiculata* Blume	红树科 红树属	1
58	蒲葵	*Livistona chinensis*（Jacq.）R. Br.	棕榈科 蒲葵属	1
59	梧桐	*Firmiana platanifolia*（L. f.）Marsili	梧桐科 梧桐属	1
60	秋枫	*Bischofia javanica* Bl.	大戟科 秋枫属	1

序号	市树名称	拉丁名	科属	应用城市数量
61	酸豆	*Tamarindus indica* L.	豆科 酸豆属	1
62	阴香	*Cinnamomum burmanni* (Nees et T. Nees) Blume	樟科 樟属	1
63	龙眼	*Dimocarpus longan* Lour.	无患子科 龙眼属	1
64	塔柏	*Sabina chinensis* (L.) Ant. 'Pyramidalis'	柏科 圆柏属	1
65	三叶树	*Bischofia polycarpa* (Levl.) Airy Shaw	大戟科 秋枫属	1
66	油樟	*Cinnamomum longepaniculatum* (Gamble) N. Chao ex H. W. Li	樟科 樟属	1
67	樱花	*Cerasus* sp.	蔷薇科 樱属	1
68	竹子	Bambusoideae Nees	禾本科 竹亚科	1
69	台湾山樱	*Cerasus serrulata* (Lindl.) G. Don ex London	蔷薇科 李属	1
70	台湾五叶松	*Pinus taiwanensis* Hayata	松科 松属	1
71	枫香树	*Liquidambar formosana* Hance	金缕梅科 枫香树属	1
72	泡桐树	*Paulownia fortunei* (Seem.) Hemsl.	玄参科 泡桐属	1

注："—"表示该树种暂无拉丁名

截至目前，在已调查的 348 个城市中，已有 246 个城市确定市树，占所调查城市总数的 70.7%。在我国 34 个省级行政区中，仅有北京市、天津市、重庆市等 3 个直辖市和河北省、江苏省、浙江省、江西省等 4 个省份的全部地级城市已选定市树。另外，从各城市所选市树的形式来看，我国大多城市选择一个树种作为市树，也有 27 个城市同时选择两个树种作为市树。进一步的调查统计分析表明，国槐、香樟的选用率最高，均有 49 个城市将其定为市树，各占已评选市树城市总数的 20.0%。另外，银杏、榕树、柳树、雪松也是人们喜好较多的市树树种，分别被 18 个、14 个、10 个、8 个城市选为市树，各占已评选市树城市总数的 7.3%、5.7%、4.1% 和 3.3%。各城市市树树种如表 2-2 所示。

表 2-2 各城市市树一览表

省份	序号	城市名称	市树
北京市	1	北京市	国槐、侧柏
天津市	1	天津市	绒毛白蜡
河北省	1	张家口市	国槐
	2	石家庄市	国槐
	3	保定市	国槐
	4	承德市	油松、国槐
	5	邯郸市	法桐、国槐
	6	邢台市	国槐
	7	廊坊市	国槐
	8	唐山市	国槐
	9	秦皇岛市	油松、国槐
	10	衡水市	白蜡树
	11	沧州市	国槐
山西省	1	太原市	国槐
	2	朔州市	小叶杨
	3	大同市	国槐
	4	阳泉市	—
	5	长治市	国槐
	6	晋城市	雪松

省份	序号	城市名称	市树
山西省	7	忻州市	—
	8	晋中市	国槐
	9	临汾市	—
	10	吕梁市	—
	11	运城市	国槐
内蒙古自治区	1	呼和浩特市	油松
	2	包头市	云杉
	3	乌海市	沙枣
	4	赤峰市	油松
	5	通辽市	—
	6	呼伦贝尔市	樟子松
	7	鄂尔多斯市	榆树
	8	乌兰察布市	—
	9	巴彦淖尔市	—
	10	兴安盟	—
	11	锡林郭勒盟	—
	12	阿拉善盟	—
陕西省	1	西安市	国槐
	2	宝鸡市	白皮松
	3	咸阳市	国槐、垂柳
	4	渭南市	国槐
	5	铜川市	合欢
	6	延安市	柏树、苹果树
	7	榆林市	国槐
	8	安康市	香樟
	9	汉中市	汉桂
	10	商洛市	—
	11	杨凌示范区	七叶树
甘肃省	1	兰州市	国槐
	2	嘉峪关市	国槐
	3	金昌市	国槐
	4	白银市	国槐
	5	天水市	国槐
	6	酒泉市	—
	7	张掖市	—
	8	武威市	国槐
	9	定西市	—
	10	陇南市	—
	11	平凉市	国槐
	12	庆阳市	—
	13	临夏回族自治州	—
	14	甘南藏族自治州	—
宁夏回族自治区	1	银川市	国槐、沙枣
	2	石嘴山市	国槐
	3	吴忠市	—

续表

省份	序号	城市名称	市树
宁夏回族自治区	4	固原市	桃树
	5	中卫市	—
青海省	1	西宁市	柳树
	2	海东市	—
	3	海北藏族自治州	—
	4	黄南藏族自治州	—
	5	海南藏族自治州	—
	6	果洛藏族自治州	—
	7	玉树藏族自治州	—
	8	海西蒙古族藏族自治州	—
新疆维吾尔自治区	1	乌鲁木齐市	大叶榆
	2	克拉玛依市	—
	3	吐鲁番市	—
	4	哈密市	—
	5	阿克苏地区	—
	6	喀什地区	—
	7	和田地区	—
	8	昌吉回族自治州	—
	9	博尔塔拉蒙古自治州	—
	10	巴音郭楞蒙古自治州	—
	11	克孜勒苏柯尔克孜自治州	—
	12	伊犁哈萨克自治州	天山云杉
辽宁省	1	沈阳市	油松
	2	大连市	龙柏
	3	阜新市	樟子松
	4	铁岭市	枫树
	5	抚顺市	杏树
	6	本溪市	垂柳
	7	辽阳市	国槐
	8	鞍山市	南果梨、国槐
	9	丹东市	银杏
	10	朝阳市	—
	11	营口市	垂柳
	12	盘锦市	国槐、白蜡树
	13	锦州市	桧柏
	14	葫芦岛市	油松
吉林省	1	长春市	黑松
	2	四平市	—
	3	白城市	—
	4	松原市	—
	5	吉林市	垂柳
	6	辽源市	五角枫
	7	通化市	枫树
	8	白山市	红松
	9	延边朝鲜族自治州	长白赤松

省份	序号	城市名称	市树
黑龙江省	1	哈尔滨市	榆树
	2	伊春市	红松
	3	佳木斯市	樟子松
	4	七台河市	—
	5	齐齐哈尔市	榆树
	6	黑河市	
	7	大庆市	刺桐树
	8	鹤岗市	
	9	双鸭山市	糖槭树
	10	鸡西市	—
	11	牡丹江市	云杉
	12	绥化市	榆树
	13	大兴安岭地区	—
上海市	1	上海市	—
山东省	1	济南市	柳树
	2	青岛市	雪松
	3	威海市	合欢
	4	济宁市	国槐
	5	菏泽市	木瓜树
	6	枣庄市	枣树
	7	聊城市	—
	8	德州市	枣树
	9	东营市	白蜡树
	10	淄博市	国槐、法桐
	11	烟台市	国槐
	12	日照市	银杏
	13	临沂市	银杏
	14	泰安市	国槐
	15	莱芜市①	国槐、银杏
	16	潍坊市	国槐
	17	滨州市	—
江苏省	1	南京市	雪松
	2	徐州市	银杏
	3	扬州市	银杏、柳树
	4	南通市	广玉兰
	5	镇江市	广玉兰
	6	常州市	广玉兰
	7	无锡市	香樟
	8	苏州市	香樟
	9	连云港市	银杏
	10	泰州市	银杏
	11	宿迁市	国槐
	12	淮安市	雪松
	13	盐城市	女贞、银杏

————————————

① 此数据来自 2018 年

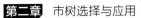

续表

省份	序号	城市名称	市树
安徽省	1	合肥市	广玉兰
	2	蚌埠市	雪松、国槐
	3	马鞍山市	香樟
	4	安庆市	香樟
	5	阜阳市	刺槐
	6	芜湖市	香樟、垂柳
	7	宿州市	银杏
	8	淮北市	国槐、银杏
	9	亳州市	泡桐树
	10	淮南市	法桐
	11	滁州市	琅玡榆
	12	铜陵市	—
	13	黄山市	黄山松
	14	六安市	广玉兰
	15	池州市	香樟
	16	宣城市	—
浙江省	1	杭州市	香樟
	2	宁波市	香樟
	3	温州市	榕树
	4	绍兴市	香榧
	5	金华市	香樟
	6	丽水市	南方红豆杉
	7	湖州市	银杏
	8	嘉兴市	香樟
	9	舟山市	舟山新木姜子
	10	衢州市	香樟
	11	台州市	香樟
福建省	1	福州市	榕树
	2	厦门市	凤凰木
	3	三明市	红花紫荆、黄花槐
	4	泉州市	刺桐树
	5	漳州市	相思树、香樟
	6	南平市	—
	7	莆田市	荔枝树
	8	龙岩市	香樟
	9	宁德市	—
湖南省	1	长沙市	香樟
	2	张家界市	香樟
	3	常德市	香樟
	4	益阳市	香樟
	5	岳阳市	杜英
	6	株洲市	香樟
	7	湘潭市	香樟
	8	衡阳市	香樟
	9	郴州市	香樟

省份	序号	城市名称	市树
湖南省	10	永州市	香樟
	11	邵阳市	香樟
	12	怀化市	—
	13	娄底市	香樟
	14	湘西土家族苗族自治州	—
湖北省	1	武汉市	水杉
	2	十堰市	香樟、广玉兰
	3	襄阳市	女贞
	4	荆门市	雪松
	5	孝感市	—
	6	黄冈市	—
	7	鄂州市	香樟
	8	黄石市	香樟
	9	咸宁市	桂花
	10	荆州市	红花紫荆、银杏
	11	宜昌市	橘树、栾树
	12	随州市	银杏
	13	恩施土家族苗族自治州	水杉
河南省	1	郑州市	法桐
	2	开封市	杨柳
	3	洛阳市	—
	4	平顶山市	香樟
	5	焦作市	国槐
	6	鹤壁市	国槐
	7	新乡市	国槐
	8	安阳市	国槐
	9	商丘市	国槐
	10	许昌市	—
	11	漯河市	国槐、雪松
	12	驻马店市	香樟
	13	信阳市	桂花
	14	南阳市	望春玉兰
	15	三门峡市	雪松
	16	濮阳市	国槐
	17	周口市	国槐
江西省	1	南昌市	香樟
	2	景德镇市	香樟
	3	新余市	香樟
	4	九江市	香樟
	5	鹰潭市	玉兰
	6	吉安市	香樟
	7	萍乡市	香樟
	8	赣州市	榕树
	9	上饶市	香樟
	10	抚州市	香樟

续表

省份	序号	城市名称	市树
江西省	11	宜春市	桂花
广东省	1	广州市	—
	2	深圳市	荔枝树、红树
	3	东莞市	荔枝树
	4	中山市	凤凰木
	5	佛山市	—
	6	珠海市	红花紫荆
	7	江门市	蒲葵
	8	肇庆市	—
	9	惠州市	红花紫荆
	10	汕头市	凤凰木
	11	潮州市	—
	12	揭阳市	榕树
	13	汕尾市	—
	14	湛江市	—
	15	茂名市	—
	16	阳江市	—
	17	云浮市	凤凰木
	18	清远市	白兰树
	19	韶关市	阴香
	20	河源市	香樟
	21	梅州市	—
广西壮族自治区	1	南宁市	扁桃树
	2	桂林市	桂花
	3	柳州市	柳树、小叶榕
	4	梧州市	梧桐
	5	贵港市	—
	6	玉林市	白兰树
	7	来宾市	香樟
	8	钦州市	秋枫
	9	北海市	小叶榕
	10	防城港市	—
	11	崇左市	扁桃树
	12	百色市	扁桃树
	13	河池市	—
	14	贺州市	香樟
海南省	1	海口市	椰子树
	2	三亚市	酸豆、椰子树
	3	三沙市	—
	4	儋州市	—
重庆市	1	重庆市	黄葛树
四川省	1	成都市	银杏
	2	自贡市	香樟
	3	攀枝花市	凤凰木
	4	泸州市	龙眼

省份	序号	城市名称	市树
四川省	5	德阳市	香樟
	6	广元市	塔柏
	7	内江市	三叶树
	8	乐山市	小叶榕
	9	资阳市	黄葛树
	10	宜宾市	油樟
	11	达州市	黄葛树
	12	南充市	—
	13	广安市	香樟
	14	遂宁市	黄葛树
	15	巴中市	榕树
	16	眉山市	—
	17	雅安市	黄葛树
	18	绵阳市	香樟
	19	阿坝藏族羌族自治州	—
	20	甘孜藏族自治州	樱花
	21	凉山彝族自治州	—
贵州省	1	贵阳市	香樟、竹子
	2	六盘水市	银杏
	3	遵义市	桂花
	4	安顺市	香樟
	5	毕节市	银杏
	6	铜仁市	桂花
	7	黔东南苗族侗族自治州	—
	8	黔南布依族苗族自治州	—
	9	黔西南布依族苗族自治州	银杏
云南省	1	昆明市	玉兰
	2	曲靖市	
	3	玉溪市	—
	4	昭通市	
	5	保山市	—
	6	丽江市	
	7	普洱市	
	8	临沧市	—
	9	德宏傣族景颇族自治州	
	10	怒江傈僳族自治州	
	11	迪庆藏族自治州	
	12	大理白族自治州	
	13	楚雄彝族自治州	
	14	红河哈尼族彝族自治州	香樟
	15	文山壮族苗族自治州	
	16	西双版纳傣族自治州	
西藏自治区	1	拉萨市	榆树、侧柏
	2	日喀则市	—
	3	昌都市	—

续表

省份	序号	城市名称	市树
	4	林芝市	—
西藏自治区	5	山南市	—
	6	那曲市	—
	7	阿里地区	—
香港特别行政区	1	香港	—
澳门特别行政区	1	澳门	—
	1	台北市	榕树
	2	新北市	台湾山樱
	3	桃园市	桃树
	4	台中市	台湾五叶松
台湾省	5	台南市	凤凰木
	6	高雄市	—
	7	基隆市	枫香树
	8	新竹市	黑松
	9	嘉义市	玉兰

注："—"表示该城市尚未选定市树

第三节 树 种 选 择

通过对各城市所选市树种类的统计分析发现，共有29科56属的72个树种被选为市树，主要集中在松科、豆科、蔷薇科、木犀科、柏科、樟科等植物。其中，松科植物应用最为广泛，包括松属、雪松属、云杉属的11种松科植物被选为市树，分别为台湾五叶松、油松、樟子松、红松、黑松、白皮松、长白赤松、黄山松、雪松、云杉、天山云杉。我国是松科属种最多的国家，松科植物因其对陆生环境的适应性极强，且具有耐干旱、贫瘠等特征，成为我国造林绿化的主要树种。

豆科植物在市树应用上也较为普遍，豆科为被子植物中仅次于菊科及兰科的第三个最大的科之一，分布极为广泛，生长环境各式各样，因此成为我国各城市绿化的主要树种。在市树选择上，刺槐属、刺桐属、凤凰木属、合欢属、槐属、金合欢属、酸豆属、羊蹄甲属、紫荆属的10种豆科植物被选作市树，分别为刺槐、刺桐树、凤凰木、合欢、国槐、黄花槐、相思树、酸豆、红花紫荆。

同时，在市树树种的选择过程中，还有许多城市将市树文化与城市产业发展相结合。例如，陕西省延安市的苹果树、辽宁省鞍山市的南果梨、山东省菏泽市的木瓜树、山东省枣庄市和德州市的枣树、宁夏回族自治区固原市和台湾省桃园市的桃树、福建省莆田市及广东省深圳市和东莞市的荔枝树、四川省泸州市的龙眼、湖北省宜昌市的橘树、海南省海口市和三亚市的椰子树等，均以果树作为市树。这些城市将各类经济树种作为市树，在加强产业发展的同时，也体现出了城市产业特色。

第四节 地 理 分 布

从国槐、香樟、银杏等应用最为普遍的三大市树树种的分布区域来看（图2-1），市树树种的分布区域呈现出明显的区域地理特征。以国槐为市树的城市主要集中在我国淮河以北地区，在华北地区最为集中，在西北地区东部、华东和华中地区北部，以及东北地区南部也有较多城市以国槐作为市树。以香樟为市树的城市主要集中在华中、华东、西南地区，同时在华南地区也有少量分布，陕西省安康

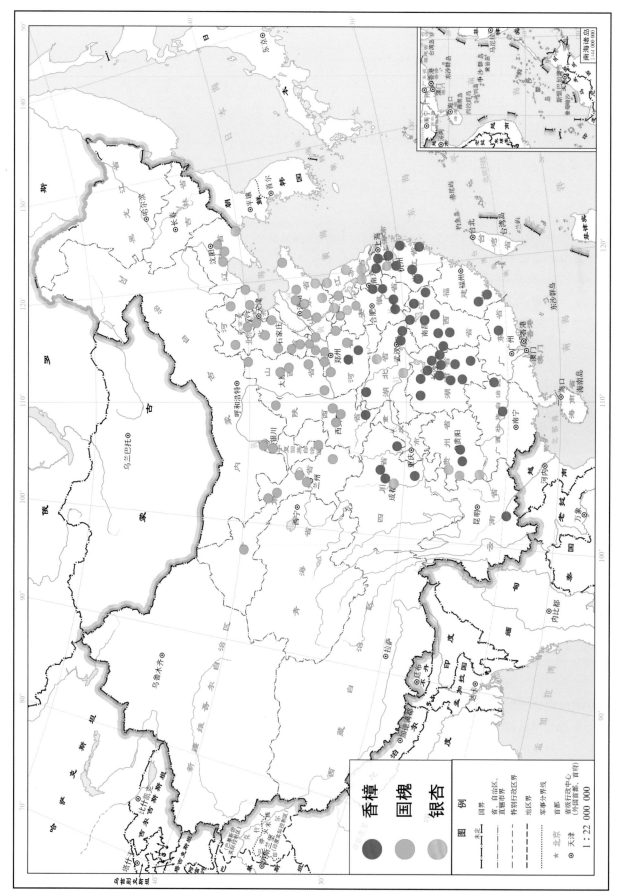

图 2-1 我国三大市树树种应用城市分布图

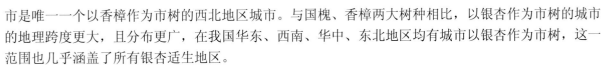

市是唯一一个以香樟作为市树的西北地区城市。与国槐、香樟两大树种相比，以银杏作为市树的城市的地理跨度更大，且分布更广，在我国华东、西南、华中、东北地区均有城市以银杏作为市树，这一范围也几乎涵盖了所有银杏适生地区。

另外，从地理区位的比较来看，我国北方城市以国槐、雪松、油松、榆树、垂柳、白蜡树等树种作为市树较多，长江流域沿线城市市树选用香樟、油樟、栾树、玉兰等树种较多，东南沿海地区城市以香樟、凤凰木、扁桃树、桂花等树种作为市树的较多。在调查分析过程中还发现，榕树、黄葛树、小叶榕等榕属植物在我国南方城市也常被广泛用作市树，共有13个南方城市以榕属植物作为市树。

第五节　选用现状与确定原则的相关性

根据前面提出的市树确定的四项原则，对所调查地区的各城市市树选择情况进行了评价分析，结果表明绝大多数城市在市树选择中都较好地遵循了该四项原则，仅有少数城市未充分遵循市树确定原则。具体表现为：①在市树的选择工作中，大多数城市都选择了符合地域特征的树种，但也有少数城市未充分考虑城市的地域气候环境特征与适应性要求。例如，河南省平顶山市和驻马店市以香樟作为市树，该地域的气候环境与香樟所需的温暖湿润气候不相适应，若遇低温极端天气，则会导致树木生长不良或造成植株死亡。②大多数城市选择了我国原产的乡土树种作为市树，并有少数城市选择了具备乡土树种特性的非我国原产树种作为市树。例如，天津市的市树绒毛白蜡、河南省郑州市的市树法桐、台湾省台南市的市树凤凰木等，此类树种虽然不是我国原产树种，但在当地能够很好地适应其地域环境条件，表现出比其他树种更优的生长特性及景观效果，并被广泛用于城市绿化中。③树木形态各异，每一树种都有其独特的美感，各城市在市树选择过程中大都将观赏性作为市树评选的优先考虑标准，仅有少数城市选择苹果树、荔枝、龙眼、桃树、南果梨等景观价值相对不突出的经济树种。④在市树选择的人文内涵原则上，各城市虽然都满足此项原则，但区域雷同化较普遍，区域特色不强，如甘肃省已选市树的7个城市均以国槐作为市树，湖南省已选市树的12个城市中有11个城市以香樟作为市树等，虽然有一定的文化底蕴，但是并不能完全体现城市的地方特色和不同的人文内涵。

第六节　应用中的问题与发展前景

一、市树在部分城市应用不广泛

市树从评选到应用，寄托了一个城市广大市民对树木的文化情节，许多城市把市树作为自己的骨干树种和基调树种，广泛应用于城市绿化建设中。但我国也有很多城市在市树选用过程中存在重评选、轻应用的问题，导致很多城市在确立市树后，未能将市树的应用作为城市绿色基础设施建设的一个重要方面，使得市树所代表的城市人文文化没有得以充分展现。

二、市树名称不够规范

很多城市在市树的选择过程中不够严谨，有的市树的名称仅使用了俗名，容易混淆，且不能准确地判定其植物种类的拉丁学名，容易造成一定误解。另外，部分城市以柏树、枫树等大概念的树种作为市树，致使人们不能准确地判断出其城市市树具体为何种树种。

三、市树在部分城市运用不合理

在市树的运用过程中，部分城市出现滥用市树营造城市景观的情况，在城市绿化中过分强调市树的应用数量，大面积栽植高密度、均一化的市树纯林，忽略了市树本身的生理习性。同时，很多城市刻意用古树装扮市树，作为古市树，古树作为自然与文化中极为独特的价值载体，承载着丰富的人文价值和自然价值的特性，部分城市利用古树，只为追求一时的景观效果，而盲目移植外来大树古树来"扮古"城市，使得树木栽植后长势不良，反而影响了城市整体的景观效果。

四、市树自身的多重价值被忽略

在我国的市树选择过程中，树种选择在一定程度上还存在盲目化、崇洋化等现象，甚至有的城市还存在跟风选市树、领导定市树的现象，违背适地适树的原则，过分强调树种的视觉效果，只重视单方面的价值导向，却没有从乡土传承价值、观赏利用价值、生态人文价值、科学研究价值、经济富民价值等多方面进行综合考虑，忽略了市树自身对城市发展的多重重要作用，也使得市树在应用后的价值没有得到有效发挥。

内敛而不张扬的香樟

第三章 市树分区应用

第一节 华北地区

我国华北地区包括北京市、天津市、河北省、山西省和内蒙古自治区。华北地区选定使用的市树种类有12种（表3-1），占全部市树种类的16.7%，其中国槐的使用率最高，有16个城市选择国槐作为市树，占该区域内已选定市树城市总数的53.3%，特别是在河北省的11个地级市中，有10个城市都选用了国槐为市树。国槐在华北地区适应性强、生长良好，并具有较强的地域认同感，受到了大多数城市市民的喜爱。油松在华北地区的应用也比较广泛，有4个城市将其选为市树。另外，北京市、承德市、邯郸市、秦皇岛市等4个城市还选用了两种树种作为城市市树。

表3-1　华北地区市树应用情况统计表

序号	市树	应用城市数量	应用城市
1	国槐	16	北京、石家庄、保定、张家口、邢台、廊坊、秦皇岛、唐山、沧州、承德、邯郸、太原、大同、长治、晋中、运城
2	油松	4	承德、秦皇岛、赤峰、呼和浩特
3	小叶杨	1	朔州
4	绒毛白蜡	1	天津
5	侧柏	1	北京
6	白蜡树	1	衡水
7	法桐	1	邯郸
8	雪松	1	晋城
9	云杉	1	包头
10	沙枣树	1	乌海
11	樟子松	1	呼伦贝尔
12	榆树	1	鄂尔多斯

第二节 西北地区

我国西北地区包括陕西省、甘肃省、青海省、宁夏回族自治区和新疆维吾尔自治区。西北地区选定使用的市树种类有13种（表3-2），占全部市树种类的18.1%。国槐仍为使用率最高的树种，有13个城市选择国槐作为市树，占该区域已选定市树城市总数的50.0%。其中，甘肃省7个已选市树的地级市全部选用国槐作为市树。另外，咸阳市、延安市、银川市等3个城市选用两个树种作为市树。

表3-2　西北地区市树应用情况统计表

序号	市树	应用城市数量	应用城市
1	国槐	13	西安、咸阳、渭南、榆林、兰州、嘉峪关、金昌、白银、天水、武威、平凉、银川、石嘴山
2	柳树	2	西宁、咸阳
3	白皮松	1	宝鸡
4	合欢	1	铜川
5	柏树	1	延安
6	苹果树	1	延安
7	香樟	1	安康

续表

序号	市树	应用城市数量	应用城市
8	桂花（汉桂）	1	汉中
9	七叶树	1	杨凌示范区
10	沙枣	1	银川
11	桃树	1	固原
12	大叶榆	1	乌鲁木齐
13	天山云杉	1	伊犁哈萨克自治州

第三节 东北地区

我国东北地区包括辽宁省、吉林省和黑龙江省。东北地区选定使用的市树种类有17种（表3-3），占全部市树种类的23.6%。其中，松科、柏科植物较多，占该地区所选树种数量的42.1%。枫树的选用频次最高，被4个城市选为市树。其次，国槐、榆树、柳树的选用频次也相对较高，分别被3个城市选为市树。另外，鞍山市、盘锦市等2个城市选用两种树种作为市树。

表3-3 东北地区市树应用情况统计表

序号	市树	应用城市数量	应用城市
1	枫树	4	铁岭、通化、辽源、双鸭山
2	国槐	3	辽阳、鞍山、盘锦
3	榆树	3	哈尔滨、齐齐哈尔、绥化
4	柳树	3	本溪、营口、吉林
5	油松	2	沈阳、葫芦岛
6	红松	2	白山、伊春
7	樟子松	2	阜新、佳木斯
8	南果梨	1	鞍山
9	银杏	1	丹东
10	白蜡树	1	盘锦
11	桧柏	1	锦州
12	黑松	1	长春
13	杏树	1	抚顺
14	长白赤松	1	延边朝鲜族自治州
15	龙柏	1	大连
16	刺桐树	1	大庆
17	云杉	1	牡丹江

第四节 华东地区

我国华东地区包括上海市、山东省、江苏省、安徽省、浙江省和福建省。华东地区南北地理区域跨度较大，可选用的植物种类也较多，故在市树种类的选择上占有一定优势，共有26个树种被选为该区域的市树（表3-4），占全部市树种类的36.1%，是选用树种种类最多的地区。其中，香樟的使用率最高，被14个城市选用，银杏被11个城市选用，国槐、广玉兰、雪松分别被9个、5个、4个城市选用。另外，淄博市、莱芜市、扬州市、盐城市、蚌埠市、芜湖市、淮北市、三明市、漳州市 9个城市选用了两种树种作为市树。

表3-4　华东地区市树应用情况统计表

序号	市树	应用城市数量	应用城市
1	香樟	14	无锡、苏州、安庆、芜湖、池州、杭州、宁波、金华、嘉兴、衢州、台州、漳州、龙岩、马鞍山
2	银杏	11	日照、临沂、莱芜、徐州、扬州、泰州、盐城、宿州、淮北、湖州、连云港
3	国槐	9	济宁、淄博、泰安、莱芜、潍坊、烟台、宿迁、蚌埠、淮北
4	广玉兰	5	南通、镇江、常州、合肥、六安
5	雪松	4	青岛、南京、淮安、蚌埠
6	柳树	3	济南、扬州、芜湖
7	法桐	2	淄博、淮南
8	枣树	2	枣庄、德州
9	榕树	2	温州、福州
10	合欢	1	威海
11	木瓜树	1	菏泽
12	白蜡树	1	东营
13	女贞	1	盐城
14	刺槐	1	阜阳
15	泡桐树	1	亳州
16	琅玡榆	1	滁州
17	黄山松	1	黄山
18	香榧	1	绍兴
19	南方红豆杉	1	丽水
20	舟山新木姜子	1	舟山
21	凤凰木	1	厦门
22	红花紫荆	1	三明
23	黄花槐	1	三明
24	刺桐树	1	泉州
25	相思树	1	漳州
26	荔枝树	1	莆田

第五节　华中地区

　　我国华中地区包括湖南省、湖北省、江西省和河南省。华中地区有 16 个树种作为市树被选用（表 3-5），占全部市树种类的 22.2%。香樟是此区域应用最为广泛的市树树种，共有 24 个城市选用香樟作为市树，占该区域已选定市树城市总数的 45.3%。其中，湖南省、江西省以香樟作为市树的城市比例分别达到已选市树城市总数的 91.7%、72.7%。同时，国槐在河南省应用较多，全省 8 个已选市树城市均将国槐作为市树。另外，荆州市、宜昌市、漯河市、十堰市等 4 个城市选用了两种市树。

表 3-5　华中地区市树应用情况统计表

序号	市树	应用城市数量	应用城市
1	香樟	24	长沙、常德、益阳、株洲、湘潭、衡阳、郴州、永州、邵阳、娄底、十堰、鄂州、黄石、南昌、新余、九江、吉安、萍乡、上饶、抚州、驻马店、景德镇、张家界、平顶山
2	国槐	8	焦作、鹤壁、新乡、安阳、商丘、漯河、濮阳、周口
3	桂花	3	咸宁、信阳、宜春
4	雪松	3	荆门、漯河、三门峡
5	水杉	2	武汉、恩施土家族苗族自治州
6	银杏	2	荆州、随州
7	玉兰	2	南阳、鹰潭
8	女贞	1	襄阳
9	广玉兰	1	十堰
10	红花紫荆	1	荆州
11	橘树	1	宜昌
12	栾树	1	宜昌
13	法桐	1	郑州
14	柳树	1	开封
15	杜英	1	岳阳
16	榕树	1	赣州

第六节　华南地区

　　我国华南地区包括广东省、广西壮族自治区和海南省。华南地区已选定的市树种类有16种（表3-6），占全部市树种类的22.2%。华南地区是我国四季常绿的热带 - 亚热南带区域，植物种类繁多，在市树选用上无特别集中的主导树种。从实际选择情况来看，选用香樟、扁桃树、凤凰木、榕树的城市相对较多，均被3个城市选用，荔枝树、红花紫荆、白兰树、椰子树分别被2个城市选用。另外，深圳市、柳州市、三亚市等3个城市选择两种树种作为市树。

表 3-6　华南地区市树应用情况统计表

序号	市树	应用城市数量	应用城市
1	香樟	3	河源、来宾、贺州
2	扁桃树	3	南宁、崇左、百色
3	凤凰木	3	中山、汕头、云浮
4	榕树	3	柳州、北海、揭阳
5	荔枝树	2	深圳、东莞
6	椰子树	2	海口、三亚
7	红花紫荆	2	珠海、惠州
8	白兰树	2	清远、玉林
9	红树	1	深圳
10	蒲葵	1	江门
11	桂花	1	桂林
12	梧桐	1	梧州
13	柳树	1	柳州
14	枫树	1	钦州
15	酸豆	1	三亚
16	阴香	1	韶关

第七节 西南地区

我国西南地区包括重庆市、四川省、贵州省、云南省和西藏自治区。西南地区已选定市树种类为 14 种（表3-7），占全部市树种类的 19.4%。香樟、榕树、银杏应用较多，选择这 3 个树种作为市树的城市总数占该区域已选定市树城市总数的 60.0%。另外，贵阳市、拉萨市等 2 个城市选择了两种树种作为市树。西南地区的植物种类非常丰富，但市树选择工作比较滞后，特别是云南省、西藏自治区所辖城市选用市树比例偏低，其中云南省 16 个地级城市中仅有 2 个城市已选定市树。

表3-7 西南地区市树应用情况统计表

序号	市树	应用城市数量	应用城市
1	香樟	7	自贡、德阳、广安、绵阳、贵阳、安顺、红河哈尼族彝族自治州
2	榕树	6	重庆、资阳、遂宁、雅安、乐山、巴中
3	银杏	5	成都、达州、六盘水、毕节、黔西南布依族苗族自治州
4	桂花	2	遵义、铜仁
5	凤凰木	1	攀枝花
6	龙眼	1	泸州
7	塔柏	1	广元
8	三叶树	1	内江
9	油樟	1	宜宾
10	樱花	1	甘孜藏族自治州
11	竹子	1	贵阳
12	玉兰	1	昆明
13	榆树	1	拉萨
14	侧柏	1	拉萨

第八节 港澳台地区

香港、澳门暂时没有选定市树。在已调查的台湾省的 9 个市中，共有 8 个城市已选定市树，且树种的选用均不相同（表3-8），其树种选择与华南地区城市市树选择有一定的相似性，重合度达 50%。

表3-8 港澳台地区市树应用情况统计表

序号	市树	应用城市数量	应用城市
1	榕树	1	台北
2	台湾山樱	1	新北
3	桃树	1	桃园
4	台湾五叶松	1	台中
5	凤凰木	1	台南
6	枫香树	1	基隆
7	黑松	1	新竹
8	玉兰	1	嘉义

单位庭院中的高大栾树

第四章 市树应用概览

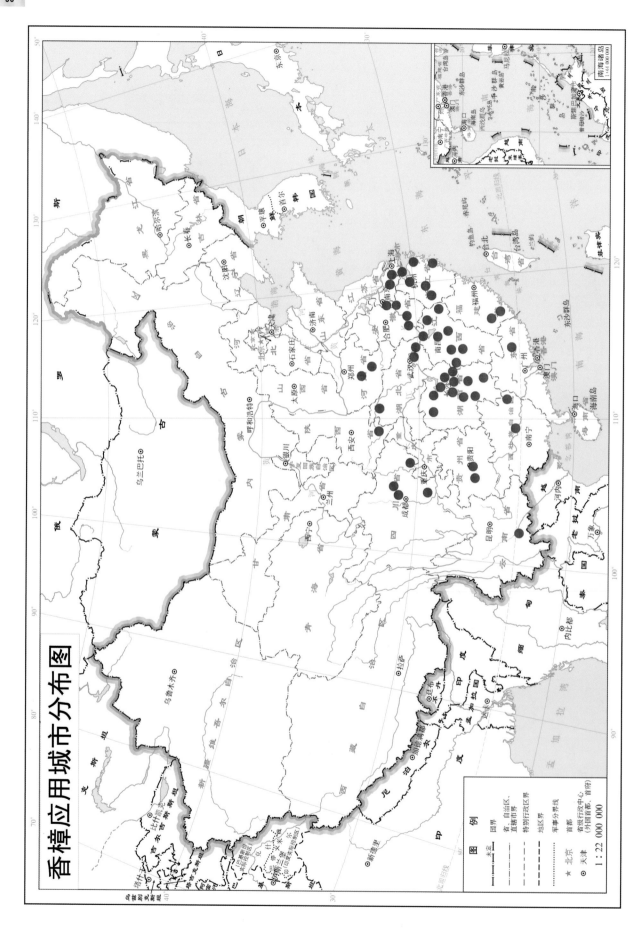

香樟应用城市分布图

图　例

★　北京　　　　　国界
⊙　天津　　　　　省、自治区、直辖市界
　　　　　　　　　特别行政区界
　　　　　　　　　地区界
　　　　　　　　　军事分界线
★　首都
⊙　省级行政中心（国内首都、首府）

1：22 000 000

01 香樟 *Cinnamomum camphora* (L.) Presl

城市概览

香樟在淮河以南地区广泛栽培，被全国共 49 个城市选为市树，是最受欢迎的市树树种之一。应用城市分别为：湖南省的长沙市、常德市、益阳市、株洲市、湘潭市、衡阳市、郴州市、永州市、邵阳市、娄底市、张家界市；江西省的南昌市、新余市、九江市、吉安市、萍乡市、上饶市、抚州市、景德镇市；浙江省的杭州市、宁波市、金华市、嘉兴市、衢州市、台州市；四川省的自贡市、德阳市、广安市、绵阳市；安徽省的安庆市、芜湖市、池州市、马鞍山市；湖北省的十堰市、鄂州市、黄石市；广西壮族自治区的来宾市、贺州市；贵州省的贵阳市、安顺市；河南省的驻马店市、平顶山市；江苏省的无锡市、苏州市；福建省的漳州市、龙岩市；云南省的红河哈尼族彝族自治州；广东省的河源市；陕西省的安康市。

市树底蕴

香樟为国家二级保护珍贵树木，人们常把香樟树看成摇钱树、景观树、风水树，寓意辟邪、长寿、吉祥如意，从而深受广大城乡居民的青睐。香樟自古以来就是我国南方地区重要的材用和特种经济树种，樟木可提取樟脑、樟脑油，樟脑可用于医药、塑料、炸药、防腐、杀虫等，樟油可作为农药、肥皂及香精等制作的原料。樟树的木材耐腐、防虫、致密、有香气，是制作家具、造船、雕刻的良材。

南方城市选择香樟作为市树，主要原因大致可以概括为 4 个方面：一是香樟是就地生长的常见树种，因为这些城市随处可见香樟，香樟能够代表一个城市的形象；二是香樟高大俊伟，外表特征便于城市绿化与美化，是城市绿化的优良树种，是江南地区首选的行道树种；三是樟树的花香可为城市净化空气，花的香味浓郁芬芳，并且花与叶都有重要的杀虫、解毒功效，每当春末、樟树开花之时，满城芳香四溢，是提升城市生活品位的添加剂；四是樟树培植成本不高、移植容易成活、生长速度较快。

香樟树深厚的历史积淀为其增添了丰富的文化色彩，是珍贵的"绿色文物"。在大自然的锤炼下，千百年不倒，可见它生命顽强。坐定莲花看云卷云舒、看花开花落的境界，这便是樟树的树语，不卑不亢，淡然看云起云落，心定而神定，朴实无华，内敛而又不张扬，其高洁的情怀成为历代文人墨客吟诗赋词的题材。同时，香樟树还表示对人信守承诺，以致古人常在香樟树下结拜。另外，樟树还是宋庆龄女士生前最喜爱的树种，为了纪念和发扬宋庆龄女士全心全意为妇女儿童服务的伟人精神，1985 年 6 月，我国福利会以宋庆龄和樟树为名，设立了"宋庆龄樟树奖"。

上海浦江郊野公园香樟小道

浙江丽水古堰画乡千年古樟

江西婺源严田千年古樟

　　我国很多地区保存有成百上千年的古樟。在广西壮族自治区全州县锦塘山谷有棵巨大古樟，高30m、胸径6.6m，至今已有2000多年。一些地区还保存有"唐樟""宋樟"等古樟，如福建省尤溪县南溪书院左侧有2棵古樟树，树高均有30m，胸径分别有108cm和78cm，为朱熹所植，又称"沈郎樟"。

　　在我国，以樟树为名的地名也是数不胜数，如江西省宜春市下辖有一个县级市——樟树市，这也是我国唯一以樟树命名的县级市，市内现有樟树乡。另外，南方地区以樟树命名的镇、乡、村、组、社区、路等比比皆是，以樟湖、樟溪、樟河、樟桥、樟田、樟石、樟岩等命名的村镇则不胜枚举。这些地名的存在充分体现了樟树在民间生活中的重要性。

　　香樟树被人们称为幸福树，在民间有许多关于香樟树的美好传说。相传清朝末年，崇义县龙勾乡合坪村住着一对小夫妻，男的叫谢宪桂，女的叫赖氏，虽然他们住的是茅草房，穿的是破烂衣裳，但心地善良、相亲相爱。一天收工回到家的夫妻俩突然发现天上一白色东西飞落在自家门前，原来是一对白仙鹤，似乎受了伤，并发出痛苦的叫声。夫妻俩把它们抱回家，给它们熬药喂水，经过他们的细心照料，不到半个月，那对仙鹤的伤就痊愈了。众人见了，都劝他们把仙鹤卖了换一大笔钱，夫妻俩摇了摇头说："仙鹤是天上的神物，只能在空中飞翔，如果卖了，会遭天打五雷轰的。"说罢，夫妻俩各捧着一只仙鹤，在门前古樟树下放飞了。没想到，仙鹤飞到半空却突然回过头来，向夫妻俩连叫三声，以示道别，然后就箭一般地向东飞去。过了几天，在放飞仙鹤的地方，竟然奇迹般地长出了两棵香樟，天气虽然旱，但香樟长得青翠欲滴、生机勃勃，夫妻俩喜出望外，每天给它们浇水、施肥。几十年过去了，昔日的年少夫妻变成了白发苍苍的老"仙翁"，香樟此时也长成郁郁葱葱的参天大树，至此，老人的家境不但变得殷实、富足，而且子孙满堂。临终时96岁的谢宪桂老人望着跪在病榻前的子孙深情地说："我这一生对你们没有什么要求，只希望以后要照看好门前的那两棵香樟。"从此，他们一代又一代地护树、爱树，邻里也由此变得团结了，人们也变得勤奋朴实了。至今这两棵香樟树仍然傲然挺立，也被人们亲切地称为"幸福树""和谐树"。

习性特征

　　香樟产于我国南方各省，主要生长于亚热带土壤肥沃的向阳山坡、谷地及河岸平地，在长江以南及西南生长区域海拔可达1000m。香樟多喜光，稍耐阴，喜温暖湿润气候，耐寒性不强，适于生长在沙壤土中，较耐水湿，但不耐干旱、瘠薄和盐碱土，萌芽力强，耐修剪。四川省宜宾地区香樟生长面积最广。

　　香樟是常绿大乔木，高可达30m，树冠广卵形，枝、叶及木材均有樟脑气味，树皮黄褐色，花绿白或带黄色，果卵球形或近球形，紫黑色。花期4～5月，果期8～11月。

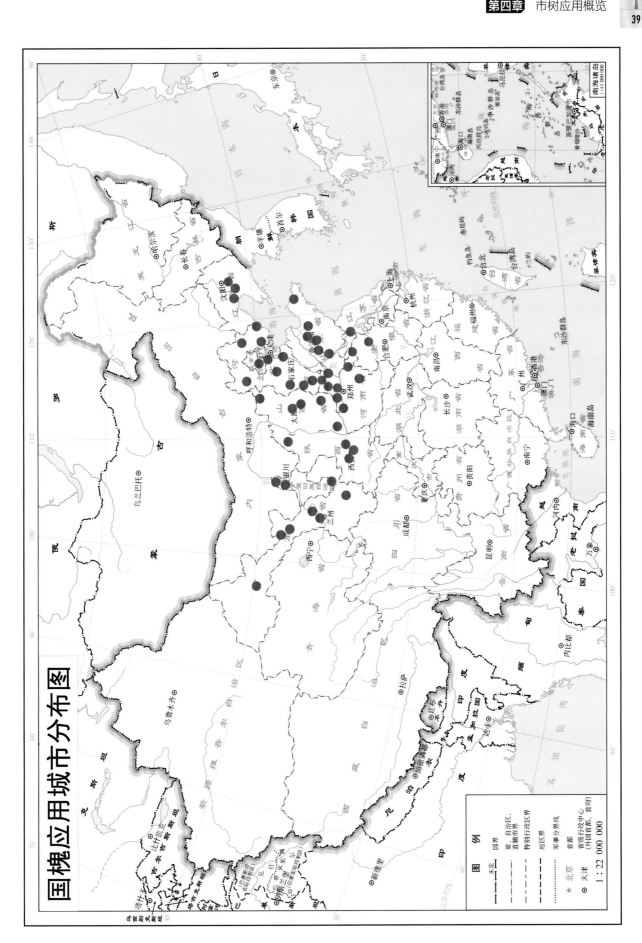

国槐应用城市分布图

02 国槐 *Sophora japonica* L.

城市概览

国槐在我国北方城市栽植广泛，选其作为市树的城市也以北方城市居多，共有 49 个城市选用国槐作为市树。应用城市分别为：北京市；河北省的石家庄市、保定市、张家口市、邢台市、廊坊市、秦皇岛市、唐山市、沧州市、承德市、邯郸市；河南省的焦作市、鹤壁市、新乡市、安阳市、商丘市、漯河市、濮阳市、周口市；甘肃省的兰州市、金昌市、白银市、天水市、武威市、平凉市、嘉峪关市；山东省的济宁市、淄博市、泰安市、莱芜市、潍坊市、烟台市；山西省的太原市、大同市、长治市、晋中市、运城市；陕西省的西安市、咸阳市、渭南市、榆林市；辽宁省的辽阳市、鞍山市、盘锦市；安徽省的蚌埠市、淮北市；宁夏回族自治区的银川市、石嘴山市；江苏省的宿迁市。

市树底蕴

国槐是特产于我国的古老树种，也是我国庭院种植常用的特色树种，其枝叶茂密，树大荫浓，常被用作庭荫树，我国北方城市也常将其作为行道树树种使用。国槐速生性强，又可防风固沙，是

山东泰山岱庙"唐槐抱子"

国槐行道树

山西洪洞大槐树寻根祭祖园的仿造大槐树

用材及经济林兼用的优良树种，并对二氧化硫、氯气等有毒气体有较强的抗性，故也常被用作矿区绿化植物。

古人植槐、敬槐、崇槐，喻其庇荫后世源远流长，在槐树下祈求三公及第、五子登科，因此槐树便成为三公宰辅之位、科举吉兆的象征。《周礼·秋官》有记载：周代宫廷外种有三棵槐树，三公朝见天子时，就站在槐树下面。三公是指太师、太傅、太保，是周代三种最高官职的合称。后人因此用"三槐"比喻"三公"，成为三公宰辅官位的象征。清河北《文安县志》记载："古槐，在戟门西，清同治十年东南一枝怒发，生色宛然，观者皆以为科第之兆。"于是槐树就成了莘莘学子心目中的偶像、科举吉兆的象征，并常以槐指代科考，其中考试的年头称为"槐秋"，举子赴考称为"踏槐"，考试的月份称为"槐黄"。

在我国，四月别称槐序，槐树槐花便是当月的主角。古人提到槐花的诗词不少，但多半关乎民间愁苦、驿路征鸿，格调较低沉，如韦庄的"长安十二槐花陌，曾负秋风多少秋"，白居易的"蝉发一声时，槐花带两枝"。可以体味到，自古至今，槐花一直是与寻常百姓生活联系很紧密的花儿。槐花虽然寻常，但是槐树的地位非同寻常。从古至今我国就有植槐的传统，国槐也就成为吉祥和祥瑞的象征。古人种植槐树以讨取吉兆、寄托希冀，在我国古代民间就有"门前一棵槐，不是招宝就是进财"的俗语。正因如此，我国出现了许多以槐树命名的地名，如河北省石家庄晋州市槐树镇、山西省古县岳阳镇槐树村、湖南省张家界市慈利县高峰乡槐树村等。将槐树用作地名，表达着人们对吉祥、美好生活的向往。槐树更有怀祖寄托的象征，那首"问我祖先来何处，山西洪洞大槐树"的民谣，用传唱记载了明初百万人口大规模迁徙的悲壮之旅。移民到达新地建村立庄之时，在村口植槐以寄托怀祖思源的情感。

习性特征

国槐原产于我国，在我国北部较为集中，北自辽宁，南至广东、台湾，东自山东，西至甘肃、四川、云南，在华北平原及黄土高原地区尤为多见，海拔 1000m 高地带均能生长。国槐耐寒，喜阳光，稍耐阴，不耐阴湿，抗旱，在低洼积水处生长不良；深根，对土壤要求不严，较耐瘠薄；病虫害不多，寿命长，耐烟毒能力强。

国槐为落叶乔木，高可达 15～25m，树皮灰褐色。圆锥花序顶生，羽状复叶长 15～25cm。花冠乳白色，旗瓣阔心形，荚果肉质，串珠状。花期 6～7 月，果期 8～10 月。

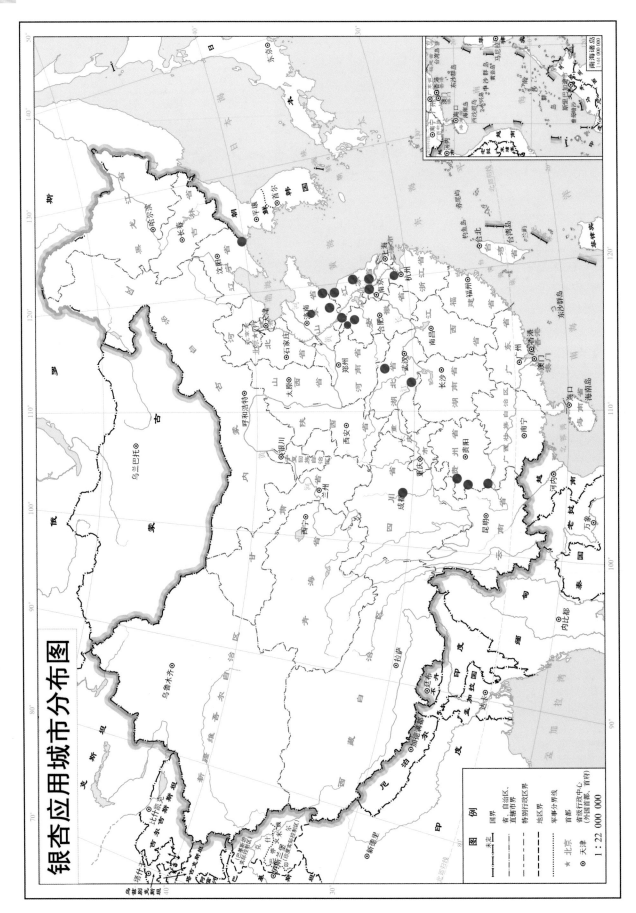

银杏应用城市分布图

1:22 000 000

03 银杏 *Ginkgo biloba* L.

城市概览

　　银杏在我国栽植区域广泛，共有18个城市选用银杏作为市树，分别为：江苏省的徐州市、扬州市、泰州市、盐城市、连云港市；贵州省的六盘水市、毕节市、黔西南布依族苗族自治州；山东省的日照市、临沂市、莱芜市；安徽省的宿州市、淮北市；湖北省的荆州市、随州市；四川省的成都市；浙江省的湖州市；辽宁省的丹东市。

市树底蕴

　　银杏是我国四大长寿观赏树种（松、柏、槐、银杏）之一，被称为公孙树。银杏的生命力极强，若遇天旱、虫灾、雷击、火烧、人为破坏等天灾人祸，其树体枝干部分会死亡一两年或数年不发芽长叶，但是树的根部和生长层并没有死亡，一旦营养充足，外部环境适宜，又会重新发芽长叶，死而复生。银杏又是著名的无公害树种，无病虫害，不污染环境，可以净化空气、抗污染、抗烟火、抗尘埃等，提高空气质量，是理想的城市绿化树种。特别值得一提的是，银杏树还具有冬暖夏凉的特异功能，具有降温作用，每当盛夏时节，掌心触摸银杏树干，手会有冰凉的感觉。

　　从古至今，银杏树被人们视为福树，在我国各地广为栽植。首先，古代人们用其荫护庄园，许多地方都在屋前宅后种植银杏树，既可荫蔽，又可获取银杏种实。安徽省歙县齐头镇金家岭村金川口有两棵明代种植的雌雄古银杏树，在村宅的上、下冲口各一棵，高40m左右，胸径在1m以上，是明代金川立村时所植的风水树，以此来庇护其家园。其次，古代人们种植银杏来荫护道路和指明方向，古话说"列树以表道"，种植于道路两侧的树木更加得到人们的重视与严加保护。银杏树因具有树冠浓荫大、易于遮阳和荫护道路的特征，被历代人们选为行道树，种植在大道两侧以指明方向和为行人纳凉休息。安徽省歙县三阳镇慈坑至昱岭关的徽杭古道两侧曾种植了数百棵银杏树，现仍残存有10多棵古银杏在古道两侧。

湖北随州银杏谷千年银杏

陕西西安古观音禅寺唐太宗植银杏

北京钓鱼台国宾馆旁银杏大道

　　银杏树因具特殊的自然美感，树叶秋天金黄，在古代园林颇受欢迎，六朝时期种植在江南皇家园林和私人园林。《春渚纪闻》曾记载北宋元丰年间皇家园林中有种植银杏树以供玩赏消遣之事。明文震亨的《长物志》、邹迪光的愚公谷，清袁枚的随园、蒋恭裴的逸园，均有以银杏树作为私家园林中的景点的相关记载与应用。留存至今的古代名园中仍有一些古银杏树，如岭南园林的代表广东清晖园和江南私家园林的代表苏州名园狮子林、拙政园、留园等均有种植，至今仍生意盎然，肃穆苍劲，意境幽深。

　　银杏栽植历史悠久，在我国尚存许多古树名木。世界上最大的银杏树在贵州省福泉市，大约有6000年的树龄，整个树围十分粗大，是一棵公树。山东省莒县浮来山也有一棵树龄3000多年的银杏，据说这棵银杏是西周时周公东征时所栽，生命力十分顽强。

　　由于银杏树在我国广为栽植，便出现了许多以银杏树（白果树）为地名的地方，如湖北省麻城市的白果镇，浙江省诸暨市的银杏街、枫杨银杏村，江苏省丹徒区石桥乡华山村的银杏山房村落，安徽省金寨县果子园乡的白果村、白果树湾，河南省嵩县和西峡县的白果坪、安阳市的银杏巷，山东省郯城县的白果树村，四川省青城山的银杏阁，甘肃省徽县的银杏乡等，多不胜举。

　　在民间，还有许多关于银杏树的美丽传说。春秋时秦穆公的女儿弄玉，酷爱音乐，嫁给了一个善吹箫、名叫箫史的青年，夫妻俩喜欢吹箫，酷似凤鸣。一日，有一对凤凰飞来和他们相伴，为感谢知音，凤凰携带他们寻找宝地，于是飞到邳州沂河旁的港上。当时，这里是一片汪洋，凤凰便泅入水中，用嘴衔出一片陆地，自身相继变成两棵银杏树。凤为雄树，凰为雌树，相望而生，叶如鸭脚，枝似禽胫，果若凤眼。后人因此将银杏又称为"凤眼"，将凤凰所啄之"坻"（水中的陆地）称为港上。从此，徐州市邳州这个地方就以栽培银杏而闻名，世代相传。时至今日，邳州银杏已成为国家地理标志保护产品。邳州也被赋予了"世界银杏看中国，中国银杏看邳州"的美誉，是全国最大的银杏种苗繁育、银杏酮生产、银杏叶出口和银杏标准化生产基地。另外，邳州银杏还创造了3项"世界第一"：资源总量世界第一、加工产量世界第一、苗木交易量世界第一。

习性特征

　　银杏最早出现于3.45亿年前的石炭纪，曾广泛分布于北半球的欧、亚、美洲，中生代侏罗纪曾广泛分布于北半球，白垩纪晚期开始衰退。至50万年前，银杏在欧洲、北美洲和亚洲绝大部分地区灭绝，只有我国的银杏保存下来。银杏分布地大都属于人工栽培区域，主要大量栽培于中国、法国和美国南卡罗来纳州。毫无疑问，国外的银杏都是直接或间接从我国传出的。银杏为喜光树种，深根性，对气候、土壤的适应性较强，能在高温多雨及雨量稀少、冬季寒冷的地区生长，但生长缓慢或不良，不耐盐碱土及过湿的土壤，在我国栽培区甚广，北自东北沈阳，南达广州，东起华东海拔40～1000m地带，西南至贵州、云南西部（腾冲）海拔2000m以下地带。

　　银杏为落叶大乔木，胸径可达4m，大树树皮灰褐色，粗糙。叶扇形，两面淡绿色，秋季落叶前变为黄色。球花雌雄异株，呈簇生状。4月开花，10月成熟。

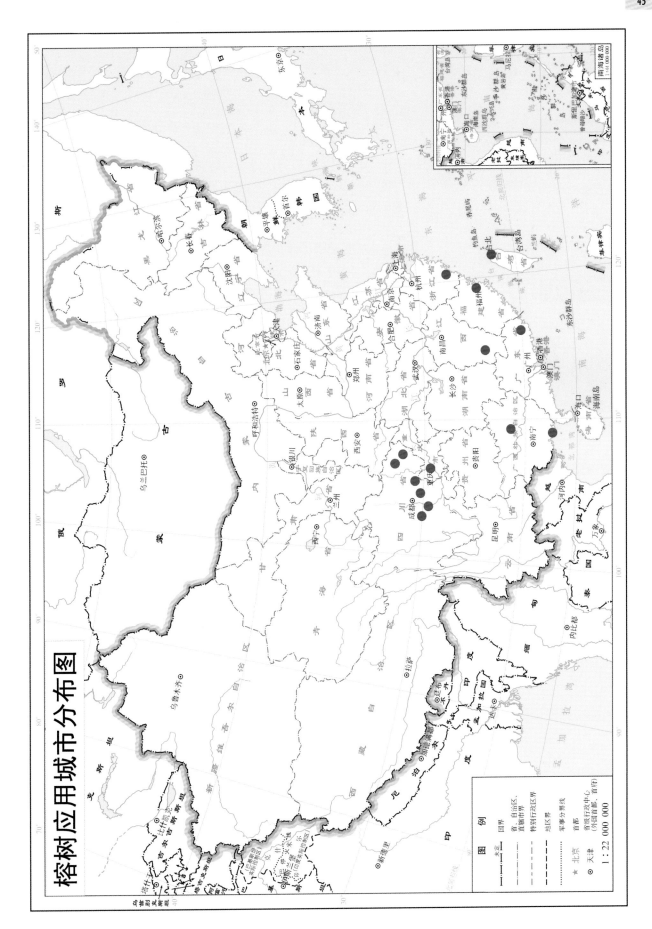

榕树应用城市分布图

04 榕树 *Ficus* spp.

城市概览

　　榕树是我国华南和西南等亚热带地区常用的绿化树种和重要的行道树种，且种类繁多。全国共有 14 个城市选择榕树作为市树，其中将黄葛树作为市树的有 5 个城市，主要集中在川蜀地区，分别为：重庆市；四川省的资阳市、遂宁市、雅安市、达州市。将小叶榕选为市树的有 3 个城市，分别为：广西壮族自治区的柳州市、北海市；四川省的乐山市。其余选用榕树的城市分别为：浙江省的温州市；福建省的福州市；江西省的赣州市；广东省的揭阳市；四川省的巴中市；台湾省的台北市。

市树底蕴

　　榕树四季常青，枝荣叶茂，雄伟挺拔，生机盎然。榕树的气根千丝万缕，恰似长髯随风飘拂，又有垂柳的婆娑多姿，像藤蔓一样同根生长、脉络相连的"连体生长"现象，是木本植物中最为独特的现象，造就了独树成林"榕荫遮半天"的宏大奇景。榕树还具有"母子世代同根"的特性，被视为长寿、吉祥的象征，寓意荣华富贵。生长于福州国家森林公园内的"榕树王"树龄近千年，树高 20m，树冠遮天蔽日，盖地 10 多亩①，冠幅达 1300 多平方米，可纳千人于树下，为福州十大古榕之首，故称"榕树王"。这棵古榕的奇特之处在于它两边的叶子落叶不同时，这很可能是两棵榕树生长在一块，而不是一棵。又因小叶榕没有气根柱地，为了支持沉重的横向主干，避免主干折断，森林公园的巧匠塑造了仿气根混凝土柱，支撑逐年向外伸长的榕树主干。因其位于湖边，烈日下波光倒影，映着古榕枝繁叶茂、苍劲挺拔的英姿，煞是壮观，现已成为森林公园的一大著名景点。我国福州市也因城内植榕树众多，而被称为"榕城"。相传北宋治平年间，太守张伯玉带领百姓抗洪救灾，结果不幸病倒，张伯玉接受一位老者"植榕保水土"的建议，亲手在衙门外种植榕树，还让百姓在城内外栽种 15 000 棵榕树。5 年之后，"绿荫满城，暑不张盖"，福州便有了别名"榕城"。

　　海南民间不少地方把榕树当作"神树"或"圣树"。在海南古树名木中，榕树所占比例最大。例如，

四川成都昭觉寺古榕树

榕树行道树（垂叶榕）

① 1 亩 ≈ 666.7m²，下同

四川成都府南河畔榕树

小叶榕古树

海南澄迈县加运村村前古榕就有上百年的历史，现已"独木成林"。村民把古榕奉为"镇村之宝"，把榕树奉为"神"，认为"树盛则人盛，树衰则人衰"，把榕树的成长与村子的命脉连在一起。平日里对古榕爱护有加，虽然村里多次修道整改，但榕树皆未被砍伐。在海南文昌市蓬莱镇罗宝村祠堂旁有古榕护祠，当地人传说这榕树上住着村神、土地神。村里曾有一贪财奴砍伐榕树卖给木材商，因两人皆触犯"神树"，众神降罪，让两人身染怪疾。此后不久砍伐榕树的贪财奴不治而亡，所幸木材商向"神公"（当地的巫师）求助，在巫师的指示下弥补罪过，在被砍伐的榕树处再植一棵榕树，归还神的住所——神树，病症始解。

榕树中的黄葛树还与禅宗文化有着密切联系。传说佛教创始人释迦牟尼在黄葛树下禅定四十九天，大彻大悟，终成佛陀。古印度梵语中"菩提"意为"觉悟"，黄葛树因此被称为"菩提树"。旧时在我国西南一带，黄葛树只能在寺庙和公共场合种植，因为传说它能招来牛鬼蛇神，所以家户人家很少种植。从明末清初开始，重庆民间开始普遍种植黄葛树。据资料记载，清代在重庆的黄葛树下，围着树根都修有神龛，供路人敬香、祈祷，并把许愿的红布条抛挂在树干上。

榕树因其枝繁叶茂、苍劲挺拔、古朴稳健等特点，自古以来就成为人们心中的一种文化符号，有了一种独特的"榕树文化"。逢年过节或红白之事，有喝榕树水以求长寿的，有撒榕树叶以求吉祥的，有挂榕树枝于门楣上以辟邪的，更有在老榕树前举行结婚仪式的。另外，因榕树具有顽强的生命力，不畏寒暑，傲然挺立，也象征着不屈不挠、开拓进取、奋发向上的精神。

习性特征

榕树分布于中国、斯里兰卡、印度、缅甸、泰国、越南、马来西亚、菲律宾、日本、巴布亚新几内亚和澳大利亚，直至加罗林群岛。榕树在我国福建、台湾、浙江（南部）、广东（及沿海岛屿）、广西、湖北（武汉至十堰栽培）、贵州、云南等省区分布较广。榕树适应性强，喜疏松肥沃的酸性土，在瘠薄的沙质土中也能生长，在碱土中叶片黄化。不耐旱，较耐水湿，短时间水涝不会烂根。在干燥的气候条件下生长不良，在潮湿的空气中能发生大气生根，使观赏价值大大地提高。喜阳光充足、温暖湿润气候，不耐寒，对土壤要求不严，怕烈日曝晒。

榕树是大乔木，高达 15～25m，冠幅广展。树皮深灰色，叶薄革质，表面深绿色，干后深褐色，有光泽。榕果成熟时黄色或微红色，扁球形。花期 5～6 月。

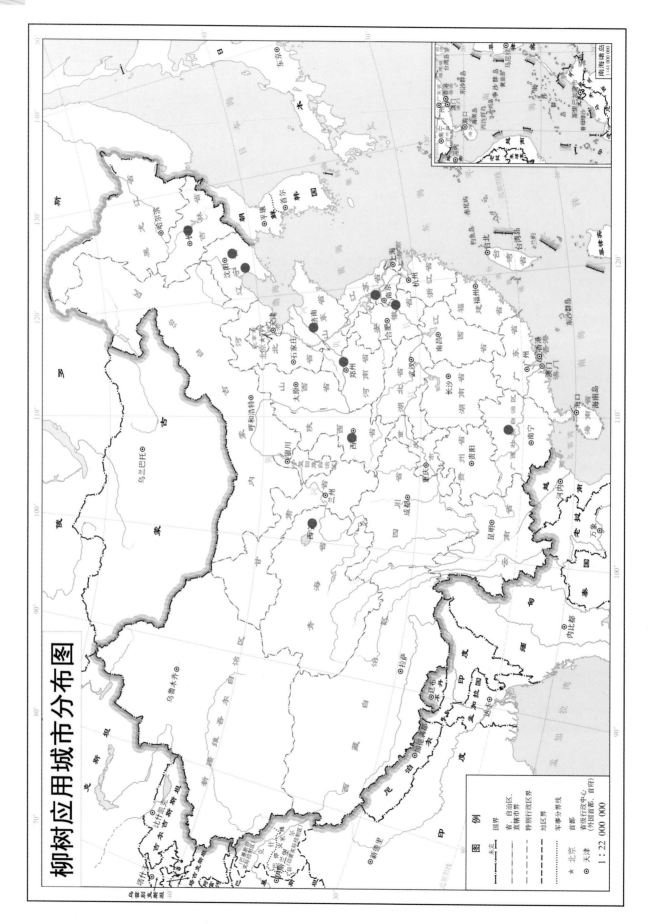

柳树应用城市分布图

图　例

	国界
	省、自治区、 直辖市界
	特别行政区界
	地区界
	军事分界线
★	首都
⊙	省级行政中心、首都 （外国首都、首府）

北京

天津

1:22 000 000

05 柳树 *Salix* spp.

城市概览

柳树是柳属植物的总称，我国有 257 种，122 个变种，33 个变型。柳树属于广生态幅植物，在我国各省区均有栽植。全国共有 10 个城市以柳树作为市树，分别为：辽宁省的本溪市和营口市；青海省的西宁市；山东省的济南市；江苏省的扬州市；广西壮族自治区的柳州市；吉林省的吉林市；陕西省的咸阳市；安徽省的芜湖市；河南省的开封市。

市树底蕴

我国柳树种类繁多，主要树种有旱柳、垂柳和白柳等。柳树有着深厚的文化底蕴，其优美的风姿、良好的景观效果也使它成为受欢迎的城市景观树种。经常种植在河畔、庭院等处，也可作为孤植树，观赏效果佳。微风吹来，树影婆娑，满是生机和诗意。柳树作为城市滨水绿化景观构建中的主要树种，在冰雪消融时，泛青的柳芽把春意首先带到人间，大多数树木久睡刚醒，而柳树已经将粒粒柳芽抽成万条柳丝，给人们送来春天的气息，为城市披上初春的绿衣，故有"春色先以柳芽归""春风杨柳万千条"的绝美佳句。

柳树被用作市树的首要原因在于其蕴含的文化情感。"碧玉妆成一树高，万条垂下绿丝绦。不知细叶谁裁出，二月春风似剪刀。"柳树姿态优美，摇曳生姿，在春风吹拂之下，柳树抽芽长叶，正是细如剪刀的春风，"裁"出万条碧绿的柳枝，装扮出这绿意盎然的春天。在我国的早春人们就能够看到其美丽的身姿，因此柳树往往也和青春貌美的女子有所联系。"柳眉弯弯"用来形容女子的眉目清秀，而"楚楚柳腰"则用来形容女子的蛮腰纤细。在我国，柳树和美女的联系已经超过了千年，它代表着女性的柔美，许多脍炙人口的语言文字中均有用柳树来形容漂亮女子的词句。其次，由于我国古代人们多认为柳树属于"阴类"，也因此将其作为女性的象征。最后，柳也因其美丽的形态、婀娜的风姿成为我国树木文化中的一个文化符号，有其丰富的内涵，代表着我国历代人们对于柳的喜爱。柳与我国古典诗词有着不解之缘，寄托着诗人的情感经历和生命体验，成为一种情感媒介，让人回味无穷。文化是设计的源泉，设计是对文化的继承和发展。在现代城市园林的设计中，设计与文化传承相结合已成为一种趋势，柳树作为一种带有悠久历史文化的树种，应被我们重视并合理地加以利用。

"柳"者，"留"也，因而古人"折柳"相留，言分别时依依不舍之意。最早见于《诗经》，"昔我往矣，杨柳依依。今我来思，雨雪霏霏"，首开咏柳寄情、借柳伤别的先河。将柳种植于檐前屋后，

万条垂下绿丝绦

春风杨柳万千条

依依杨柳总让人想起故国、家园、恋人，柳便成为故乡故国的象征，用来比喻一种相思之情。另外，诗人也常常借漫天飞舞的柳絮来表达满怀愁绪又无法言说的心境。随着时代的发展，其含义也在与时俱进。在现代城市生活中，人们往往过着快节奏的生活，来去匆匆，鲜有人能够驻足沉思，此中缘由来自多个方面。然而若能够在城市中营造一个小环境，哪怕眼前只是波光粼粼的平静湖面，湖畔摇曳生姿的垂柳随风摆动；清风拂来，带来春的气息；嫩芽吐露，带来生的希望，这些都能使环境得到改善，心灵得到净化。

柳树不仅寄托着情感，还蕴藏着风水文化。古时就有"前不栽桑，后不栽柳"的俗语，人们认为在房屋后面不能种植柳树，否则钱财将流失。在风水学上柳树属于阴性植物，主风流、阴邪等，但也起着洁净辟邪的作用。我国许多地区自古以来就有戴柳、插柳的习俗，这主要是因为当地人都认为佩戴柳条和柳树制品可以有效地辟邪。与此同时，在我国的佛教文化中，观音菩萨以柳枝洒水普度众生和清明节祭祀、出行要戴柳等都反映了柳树有辟邪的作用。在这一过程中，柳树也因洁净、辟邪的意象，给人们的生活带来了更多的安定与祥和。现在园林风水学成为趋势，庭院景观对风水很讲究，我国风水文化有很大部分也是结合一些历史经验得来的。如若园林设计中在与当地风俗文化结合的同时，适当地与风水学相结合，既能创设出良好的环境氛围，又可以给园子增添一丝神秘的色彩，激发、满足游客的好奇心和游赏的积极性。

另外，河南省开封市定市树为"杨柳"，其实也是垂柳。有这样一种说法：隋炀帝开凿成运河，宫内大臣请隋炀帝在堤坝上栽种柳树。当时这位大臣陈述栽柳树的好处：一是柳树长成，树根则四处伸展，可保护河堤；二是背纤的妇女可得树荫遮阳；三是牛羊可吃树的枝叶。隋炀帝听后大喜，广向民间诏柳，规定凡进献柳树者都给予奖励。老百姓积极性比较高，纷纷进献柳树。隋炀帝亲自种一棵，群臣一起种植。隋炀帝御笔赐垂柳姓杨，故称杨柳。

习性特征

柳树分布广泛，生命力强，遍及我国各地，欧洲、亚洲、美洲许多国家都有引种。柳树喜光，喜温暖湿润气候及潮湿深厚的酸性及中性土壤。较耐寒，特耐水湿，但也能生于土层深厚的高温干燥地区。一些种也较耐旱和耐盐碱，在生态条件较恶劣的地方能够生长，在立地条件优越的平原沃野生长更好。一般寿命为 20～30 年，少数种可达百年以上。一年中生长期较长，发芽早，落叶晚，南方个别种为常绿树。

柳树高可达 12～18m，树冠开展而疏散。树皮灰黑色；枝细，下垂，淡褐黄色、淡褐色或带紫色。叶上面绿色，下面色较淡。花序先叶开放，或与叶同时开放。蒴果，带绿黄褐色。花期 3～4 月，果期 4～5 月。

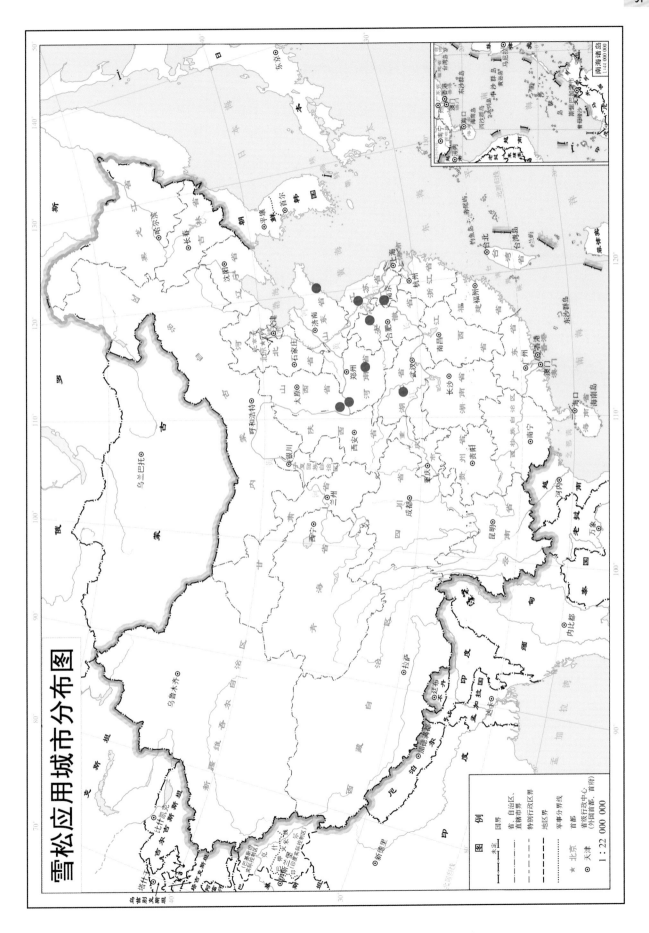

雪松应用城市分布图

06 雪松 *Cedrus deodara* (Roxb.) Loud.

城市概览

雪松在我国应用较广，在长江淮河沿线城市应用最多，全国共有 8 个城市以雪松作为市树，分别为：河南省的漯河市、三门峡市；江苏省的淮安市、南京市；安徽省的蚌埠市；湖北省的荆门市；山东省的青岛市；山西省的晋城市。

市树底蕴

雪松树形高大，树体优美，是世界素负盛名的园林风景树种之一，被视为世界五大观赏树种之首，并有"风景树皇后"之称。同时，雪松主干下部的枝干平展，且常年不枯，形成了茂密的树冠，还被誉为世界著名的庭园观赏树种之一。另外，雪松具有较强的防尘、减噪与杀菌能力，所以也常被用作工矿企业的绿化树种和城市行道树树种。

雪松是中华民族的吉祥树，在中华民族漫长的文化历史中，雪松在人们心目中的地位极其重要，是长青的象征，也象征着中华民族生生不息的精神，成为我国中山陵、清西陵等大型陵寝宫殿的主要

江苏南京中山陵雪松林立

雪松古树

中国林业科学研究院雪松林

绿化树种。古往今来，雪松一直被人们作为寄托对象来抒写与表达，已被很多历史名人用来歌咏抒情，如"何当凌云霄，直上数千尺"写出松树的高远志向；"大雪压青松，青松挺且直。要知松高洁，待到雪化时"写出松树的坚强不屈；"瘦石寒梅共结邻，亭亭不改四时春"表现了松树的乐观向上。松树正是因其刚正的人文内涵和精神品质，才为人们所称颂、喜爱，成为城市绿化文化树种的典型代表。

　　与此同时，雪松寿命很长，自古就有"寿比南山不老松"的寓意，自然也是贺寿之首选。正因如此，1936年10月31日，在蒋介石的五十大寿之时，宋子文、孔祥熙、陈果夫和陈立夫兄弟每家送了一株50岁的雪松，以表祝贺。至今，这3株雪松仍坚挺地存活着，成为南京的又一文化历史象征，彰显着雪松的铮铮傲骨。

习性特征

　　雪松产于亚洲西部、喜马拉雅山西部和非洲、地中海沿岸，我国只有一种喜马拉雅雪松。现我国多地均有栽培雪松，在年降水量600～1000mm的暖温带至中亚热带气候适应性好，且喜气候温和凉润、土层深厚、排水良好的酸性土壤，也稍耐阴。目前，北京、旅顺、大连、青岛、徐州、上海、南京、杭州、南平、庐山、武汉、长沙、昆明等地均已将雪松广泛应用于城市绿化中。

　　雪松挺拔雄伟，高达30m左右，树皮深灰色，叶针形、坚硬、淡绿色或深绿色，球果成熟前淡绿色，微有白粉，成熟时红褐色，种子近三角状。花期10～11月，球果翌年9～10月成熟。

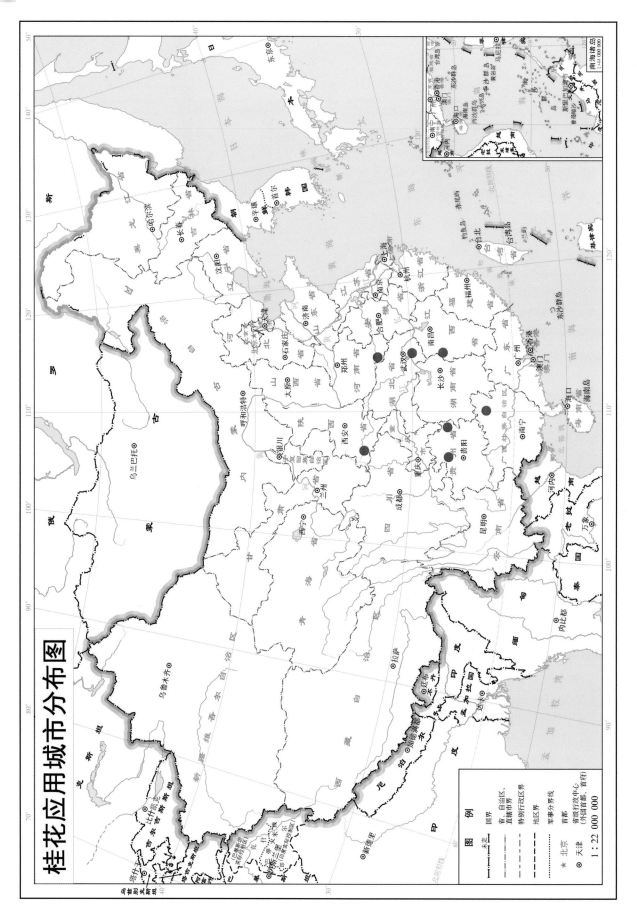

桂花应用城市分布图

07　桂花 *Osmanthus fragrans* (Thunb.) Lour.

城市概览

　　桂花是我国南方城市重要的芳香树种和景观树种，全国共有 7 个城市以桂花作为市树，分别为：贵州省的遵义市、铜仁市；湖北省的咸宁市；河南省的信阳市；陕西省的汉中市；江西省的宜春市；广西壮族自治区的桂林市。其中，陕西省的汉中市以"汉桂"为市树，"汉桂"也是桂花树的一种，为汉中特有树种。

市树底蕴

　　我国桂花栽培历史达 2500 年以上。春秋战国时期的《山海经•南山经》提到"招摇之山多桂"；《山海经•西山经》提到"皋涂之山多桂木"；屈原的《九歌》有"援北斗兮酌桂浆""辛夷车兮结桂旗"；《吕氏春秋》盛赞："物之美者，招摇之桂"；东汉袁康等辑录的《越绝书》载有计倪答越王之话语："桂实生桂，桐实生桐"。由此可见，自古以来，桂就受人喜爱。到了汉代以后，桂花成为名贵花卉与贡品，象征着美好，多被用作贡品上献给皇宫贵族。据《西京杂记》记载，汉武帝初修上林苑，群臣皆献名果异树奇花两千余种，其中有桂十株。公元前 111 年，汉武帝破南越，接着在上林苑中兴建扶荔宫，广植奇花异木，其中有桂一百株。《南部烟花记》记载，陈后主（公元 583—589 年）为爱妃张丽华造"桂宫"于庭院中，植桂一株，树下置药杵臼，并驯养一只白兔，时独步于中，谓之月宫。

　　自古以来，桂花在我国被广泛应用于园林绿化中，是集绿化、美化、香化于一体的观赏与实用兼备的优良树种，尤其是仲秋时节、丛桂怒放、夜静轮圆之际，把酒赏桂，陈香扑鼻，令人神清气爽。

山东"齐鲁第一桂"　　　　　　　　　　　　　　　　　　　　　　　　　　　　　　　金桂飘香

据明代沈周《客座新闻》记载："衡神词其径，绵亘四十余里，夹道皆合抱松桂相间，连云遮日，人行空翠中，而秋来香闻十里"，可见当时已有松桂相配作行道树的实例。在现代园林中，充分利用桂花枝叶繁茂、四季常青的优点，且绿化效果好，景观呈现速度快，栽植当年就能发挥较好的作用，将其用作绿化树种。另外，桂花对有害气体二氧化硫、氟化氢有一定抗性，也成为工矿区一种良好的绿化花木。

在传统园林配置中，还常把桂花与玉兰、海棠、牡丹相结合，将这四种传统名花同植庭前，以取玉、堂、富、贵之谐音，喻吉祥之意。同时，桂花常与建筑物、山、石相配，以丛生灌木型的植株植于亭、台、楼、阁附近。特别值得一提的是，古人常在住宅四旁或窗前栽植桂花树，待到花开时节，便能收到"金风送香"的效果。桂花的花语也象征着人们对于美好的追求与向往，寓意"崇高""美好""吉祥""友好""忠贞之士""芳直不屈""仙友""仙客"；以桂枝喻"出类拔萃之人物"及"仕途"，凡仕途得志，飞黄腾达者谓之"折桂"。

至今，我国大量城市在种植桂花，现已形成湖北咸宁、湖北武汉、湖南桃源、安徽六安、广西桂林、贵州遵义等集中种植桂花的地域。其中，湖北咸宁桂花栽培历史最为悠久，500年前民间就有酿制桂花美酒的传统，咸宁桂花在种植面积、品种数量、古桂树量、桂花产量、桂花质量和桂花苗木等6方面均位居全国第一。全市百年以上古桂达2000株，占全国（2200株）的91%。1963年、1983年国家先后两次命名咸宁为"桂花之乡"，2000年国家再次命名咸安区桂花镇为唯一的"中国桂花之乡"，当然桂花也成为湖北咸宁的首选市树。

安徽金寨千年桂花王

关于桂花，还有一个人们熟知的传说。传说吴刚的妻子与炎帝之孙伯陵私通，吴刚一怒之下杀了伯陵，因而惹怒炎帝，被发配到月亮上砍伐不死之树。但月桂树随砍即合，吴刚每砍一斧，斧子砍下的枝叶就会长回树上，经过很久，吴刚仍然没能砍倒月桂树。吴刚的妻子心存愧疚，命她的三个儿子分别变成蟾蜍、兔和蛇飞上月亮陪伴吴刚。为了帮助父亲早日砍倒月桂树，玉兔便不停地把砍下的枝叶捣碎。虽然吴刚一直在砍，但月桂树依然繁茂不倒，生机盎然，可见桂花在人们心中是坚强不屈的，有着人们所向往的品质。

习性特征

桂花原产于我国西南喜马拉雅山东段，广泛栽种于淮河流域及以南地区，其适生区北可抵黄河下游，南可至两广、海南等地，在我国秦岭—淮河以南地区均可露地越冬。桂花适应于亚热带气候，性喜温暖、湿润，抗逆性强，既耐高温，又较耐寒。种植地区平均气温14～28℃，7月平均气温24～28℃，1月平均气温0℃以上，能耐最低气温 –13℃，最适生长气温15～28℃。湿度对桂花生长发育极为重要，要求年平均湿度75%～85%，年降水量1000mm左右，强日照和荫蔽对其生长不利，一般要求每天6～8h光照。

桂花是常绿乔木或灌木，高3～5m，最高可达18m。树皮灰褐色，叶片革质，花极芳香。果歪斜，椭圆形，呈紫黑色。花期9～10月上旬，果期翌年3月。

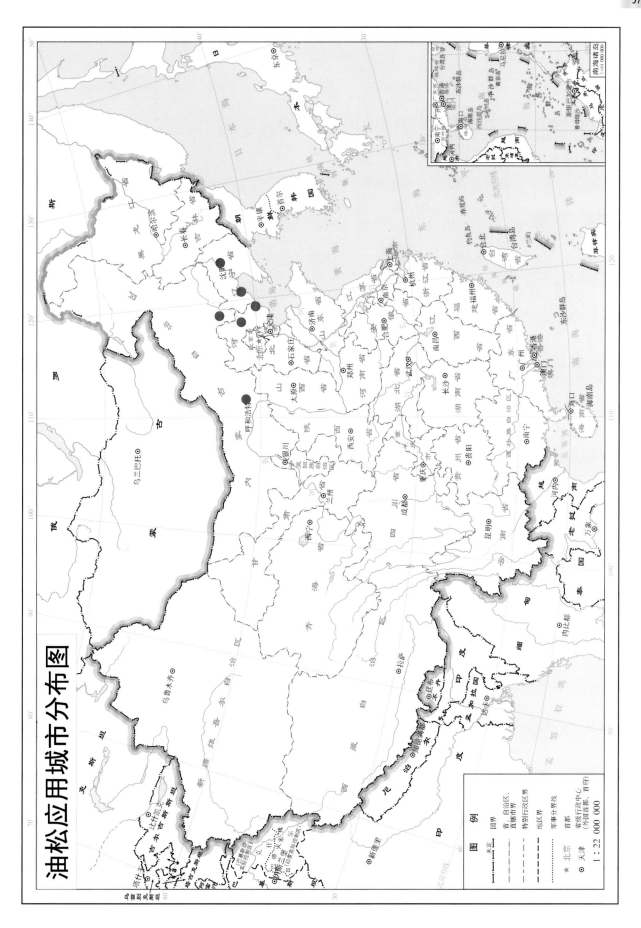

油松应用城市分布图

08 油松 *Pinus tabuliformis* Carr.

城市概览

　　油松在我国东北、中原、西北和西南等省区广泛栽植，全国共有6个城市将其作为市树，分别为：河北省的承德市、秦皇岛市；辽宁省的沈阳市、葫芦岛市；内蒙古自治区的呼和浩特市、赤峰市。

市树底蕴

　　油松作为我国的特有树种，有着悠久的栽植历史，在苍茫的鄂尔多斯高原上，有一棵油松古树，其形态似金鹏展翅，其枝叶如垂天之云，1979年，中国林业科学研究院将其命名为"中国第一松"，当地人称为"油松王"，经受住了水土流失、干旱等大自然的残酷选择，虽已900多年高龄，但仍无衰老之意。

　　油松在我国古典园林中，常被用作主景树种，孤植于园林景观中，很好地展现了油松优美独立的个体姿态。油松树干挺拔苍劲，四季常春，常与杨、柳成行混交植于路边，既体现了油松主干挺直、分枝弯曲多姿的景观，又将杨、柳作为它的背景，使得树冠层次有别，树色变化多样，使街景更加丰

内蒙古准格尔旗"中国第一松"

黑龙江哈尔滨文庙油松

富多彩。油松不畏风雪严寒，冬季与白雪相配别具特色，并且常与元宝枫、栎类、桦木、侧柏等相伴种植，以更好地提升景观效果。

另外，油松木材富含松脂，耐腐，适作建筑、家具、枕木、矿柱、电杆、人造纤维等用材。树干可割取松脂，提取松节油，树皮可提取栲胶，松节、针叶及花粉可入药，也可采松脂供工业用。我国也有将油松作为村庄名称的情况，如位于吉林省通化市柳河县五道沟镇的油松村。

习性特征

油松作为我国的特有树种，产于吉林南部、辽宁、河北、河南、山东、山西、内蒙古、陕西、甘肃、宁夏、青海及四川等省区，生于海拔 100 ～ 2600m 地带，多组成单纯林，其垂直分布由东到西、由北到南逐渐增高。油松为喜光、深根性树种，喜干冷气候，在土层深厚、排水良好的酸性、中性或钙质黄土上均能生长良好。

油松为常绿乔木，高可达 25m，树皮灰褐色或褐灰色。针叶 2 针一束，深绿色，粗硬。花期 4 ～ 5 月，球果翌年 10 月成熟。

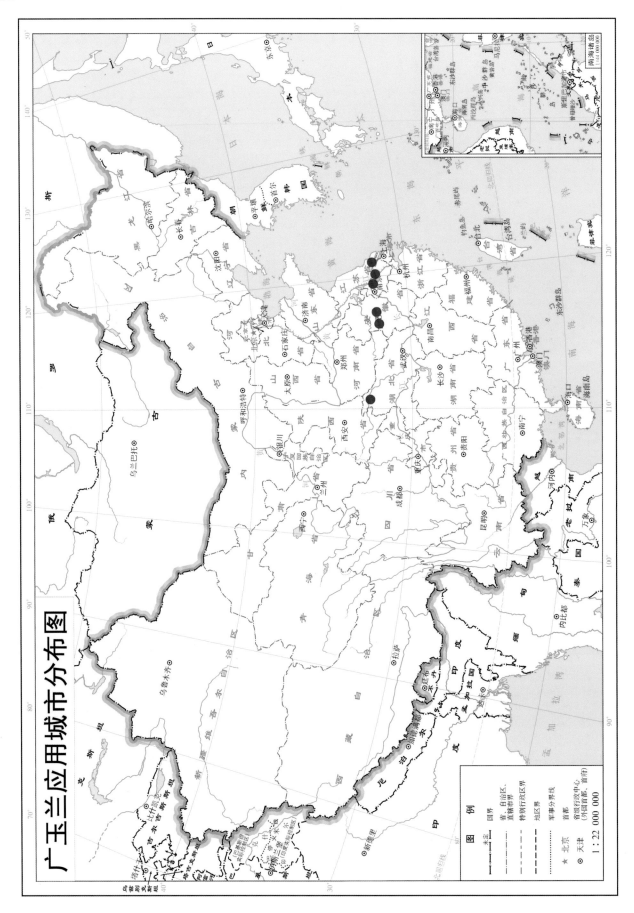

广玉兰应用城市分布图

09 广玉兰 *Magnolia grandiflora* L.

城市概览

广玉兰在我国长江流域城市栽植最广泛，目前有6个城市选其为市树，分别为：江苏省的南通市、镇江市、常州市；安徽省的合肥市、六安市；湖北省的十堰市。

市树底蕴

广玉兰树形优美，树姿雄伟壮丽，花大清香，为我国珍贵树种之一，并因其开花早、外观优美和精神内涵丰富而深受人们喜爱。昆山广泛种植广玉兰，广玉兰不仅外形优美，名字更是具有不凡的象征意义，"广"字，指昆山海纳百川、博采众长的胸襟和气度；"玉"字，指"昆山有玉，玉在其人"的城市品格；"兰"字，则指"百戏之祖"的昆曲这朵"戏苑幽兰"。

在城市绿化应用中，广玉兰适宜单植在宽广开阔的草坪上或配植成观赏的树丛。广玉兰还是优良的行道树种，不仅可以在夏日为行人提供必要的庇荫，还能很好地美化街景。在道路绿化时，广玉兰与色叶树种配植，能产生显著的色相对比，从而使街景的色彩更显鲜艳和丰富，产生韵律感。另外，广玉兰常与建筑相结合配置，如北京大觉寺、颐和园、碧云寺等处，均将广玉兰配植于古建筑间。其不仅可与中式建筑相结合配置，与西式建筑相结合配置也尤为协调，在西式建筑旁也常见广玉兰的身影。

关于广玉兰，还有这样一个传说：相传古时有一户幸福美满的三口之家，这家人在家门前栽了一棵广玉兰。在广玉兰花开时，满枝丫都是五颜六色的花朵，散发出清新的花香，招来一群群蝴蝶在花间起舞。有一天，孩子的父亲去山上打柴，不小心失足掉进了山谷。孩子在家里久久等不到父亲回来，就到山上寻找，刚来到山上就被一只饿虎吃掉。孩子的母亲见到父子俩都没有回来，就出去寻找，她在老虎洞穴边上找到了孩子的鞋子，知道儿子已遭遇不测，不由得失声痛哭。母亲的哭声招来了老虎，她立马爬到树上，最终幸免于难。母亲等到老虎走后又去寻找丈夫，在山崖处看到丈夫的斧头，得知父子俩都已遭遇不测，母亲伤心欲绝。母亲回家后发现门前的广玉兰开满了花，但已不是五颜六色的花，开的全部是白色的花，深刻地代表了母亲对夫君和孩子的思念之情。从此广玉兰便有了寄托

广玉兰行道树

广玉兰花

姿态优美的广玉兰大树

思念的深刻韵味。

习性特征

　　广玉兰原产于美国东南部，分布在我国大陆的长江流域及以南，北方如北京、兰州等地，以及长江流域地区的上海、南京、镇江、杭州也比较多见。广玉兰生长喜光，而幼时稍耐阴。喜温湿气候，有一定抗寒能力。适生于干燥、肥沃、湿润与排水良好的微酸性或中性土壤，在碱性土种植易发生黄化，忌积水、排水不良。对烟尘及二氧化硫气体有较强抗性，病虫害少。根系深广，抗风力强。

　　广玉兰为常绿乔木，树皮淡褐色或灰色。叶厚革质，叶面深绿色，有光泽。花白色，有芳香，厚肉质。聚合果密被褐色或淡灰黄色绒毛，种子外种皮红色。花期5～6月，果期9～10月。

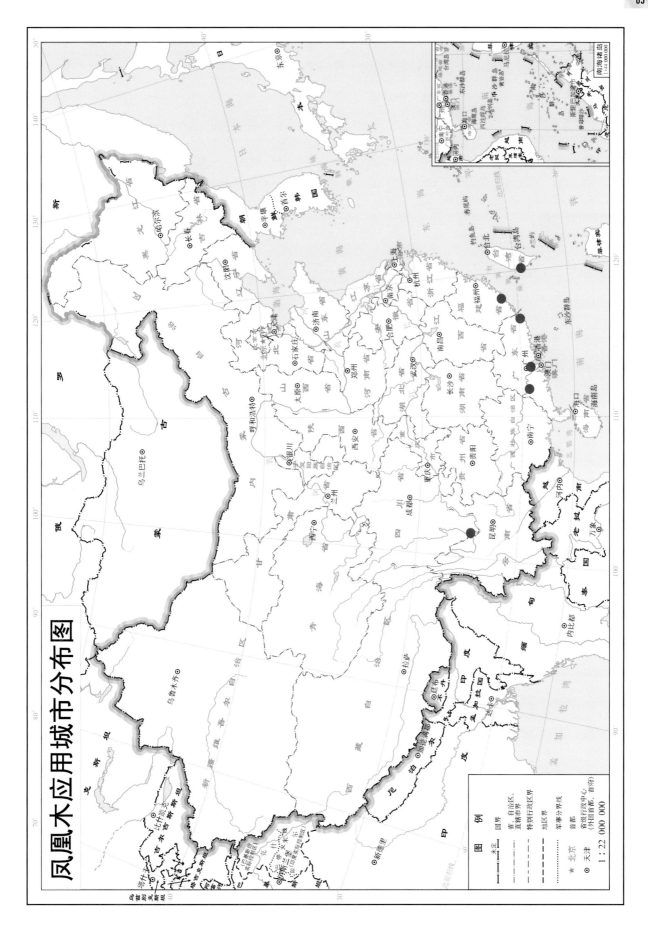

凤凰木应用城市分布图

10 凤凰木 *Delonix regia* (Bojer) Raf.

城市概览

凤凰木在我国热带、暖亚热带地区栽植较多，共有6个城市以凤凰木作为市树，分别为：广东省的中山市、汕头市、云浮市；福建省的厦门市；四川省的攀枝花市；台湾省的台南市。

市树底蕴

凤凰木取名源于"叶如飞凰之羽，花若丹凤之冠"，因其枝叶广展犹如凤凰之尾羽，花朵盛开犹如一只只凤凰而得名。在我国，主要取其红花簇簇的繁花景象象征我国城市建设的欣欣向荣，同时花团锦簇能给人带来活力，因其花似凤凰而有浴火重生、凤凰涅槃的寓意。凤凰木不仅是我国上述6个城市的市树，还是非洲马达加斯加共和国的国树、汕头大学和厦门大学的校花。

凤凰花开红似火

街角凤凰木

凤凰木行道树

在我国南方城市，凤凰木因生长状况良好、树形优美而栽种颇盛，常作为观赏树或行道树种植。凤凰木在夏季具有降温增湿的小气候效应，是绿化、美化和香化环境的良好的风景树。

关于凤凰木，厦门流传着这样一个古老而又美丽的传说。很早以前，这里寸草不生，荒无人烟，一群白鹭南归飞到这里，停在岸边歇息，领头的大白鹭发现水里鱼虾成群，有充足的食物，既没有毒蛇猛兽的威胁，又不见猎人弓箭的骚扰，于是它爱上了这个小岛，便率领这群白鹭定居下来，这群白鹭随之着手打扮自己的家园。岛上百花齐放，绿草葱葱，山明水秀，花团锦簇，引来许多鸟儿筑巢，蜜蜂、蝴蝶也来采集花粉，顿时小岛变得热闹非凡，五彩缤纷。此番景象使盘踞在东海底下的蛇王异常嫉妒，它想霸占这群白鹭建设的美丽小岛，于是率领蛇妖兴风作浪，瞬间岛上飞沙走石，天昏地暗。白鹭为了保卫自己的家园，与蛇妖展开殊死搏斗。领头的大白鹭重创了蛇王，赶走了蛇妖，它自己也身受重伤，躺在血泊之中。后来，在大白鹭洒过鲜血的那一片土地上，长出一棵挺拔的大树，那树的叶子，像大白鹭一样张开，仿佛在保护着它的族群；那树开的花，像大白鹭的鲜血一样火红。之后，这种树木，人们称为凤凰木；这种花，人们称为凤凰花。

习性特征

凤凰木原产于非洲马达加斯加，在世界各热带、暖亚热带地区广泛引种。我国海南、台湾、福建、广东、广西、云南等省区均有引种栽培。凤凰木作为热带树种，喜高温多湿和阳光充足环境，生长适温 20～30℃，不耐寒，冬季温度不低于 10℃。以深厚肥沃、富含有机质的沙质壤土为宜。怕积水，排水须良好，较耐干旱。在我国华南地区，每年 2 月初冬芽萌发，4～7 月为生长高峰，7 月下旬因气温过高，生长量下降，8 月中下旬以后气温下降，生长加快，10 月后生长减慢，12 月至翌年 1 月落叶。

凤凰木为高大落叶乔木，无刺，高达 20 余米。树皮粗糙，灰褐色。花大而美丽，鲜红色至橙红色。花瓣 5 片，红色，具黄色及白色花斑。荚果暗红褐色，成熟时黑褐色。种子横长圆形，黄色染有褐斑。花期 6～7 月，果期 8～10 月。

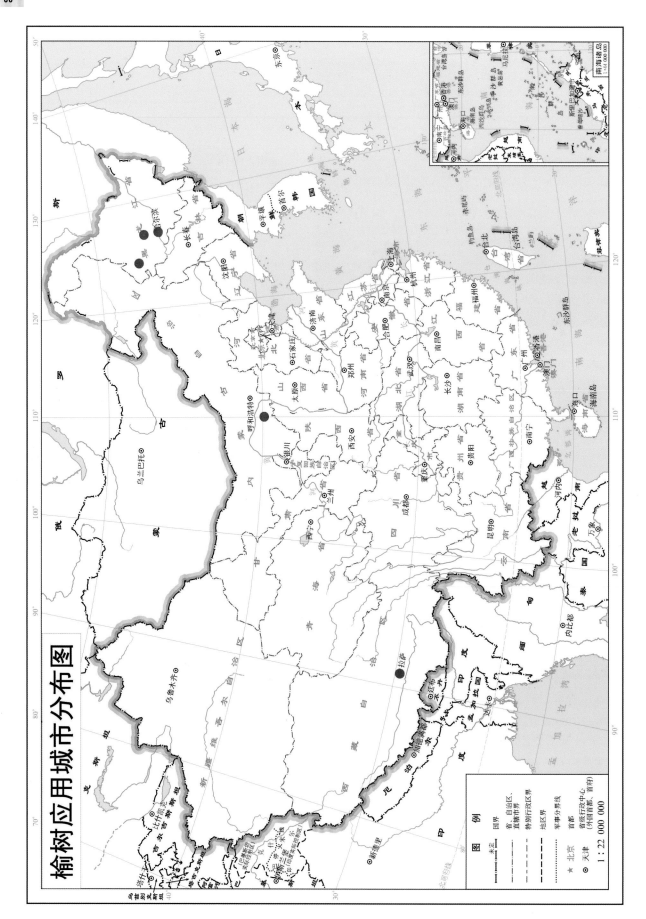

榆树应用城市分布图

图　例

国界
省、自治区、
直辖市界
特别行政区界
地区界
军事分界线

★ 北京　首都
⊙ 天津　省级行政中心
　　　　（外国首都、首府）

1 : 22 000 000

南海诸岛
1:44 000 000

11　榆树 *Ulmus pumila* L.

城市概览

　　榆树在我国东北、华北、西北及西南各省区城市广泛栽植，全国共有 5 个城市以榆树作为市树，分别为：黑龙江省的哈尔滨市、齐齐哈尔市、绥化市；内蒙古自治区的鄂尔多斯市；西藏自治区的拉萨市。

市树底蕴

　　榆树是我国栽植历史和利用历史最久远的树种之一。关传友先生的《榆树的栽培历史及与之相关的文化现象》一文详述了我国悠久的榆树文化和栽植历史。在我国，榆树的历史文献和考古资料证实，其起源于商周时期，周代以后得到了很大发展，保持着长盛不衰的历史景象。我国古代人植榆除材用外，还广泛用于行道树、护堤树、园林风景树和边防林。

　　秦汉时期出现了我国历史上第一次大规模的植榆活动。《汉书·韩安国传》记载："后蒙恬为秦侵胡，辟数千里，以河为竟，累石为城，树榆为塞，匈奴不敢饮马於河。"是说秦国大将蒙恬率军在北方抗御匈奴时，植榆树形成密林以为城塞，使得匈奴骑兵不能轻易南下袭扰，成为我国历史上最早的绿色长城。六朝时期史籍中对植榆记载较多。《三国志·魏志·郑浑传》记载郑浑为山阳、魏郡太守，"又以郡下百姓苦乏材木，乃课树榆为篱，并益树五果；榆皆成藩，五果丰实。"于是"民得财足用

古榆树

榆树

饶"，郑浑也因此迁将作大匠。《晋宫阁名》载皇家宫苑"华林园榆十九株"，是说皇家园林植榆；《太平御览》卷一九五引晋陆机《洛阳记》称洛阳城中"夹道种榆、槐树"；《日下旧闻考》卷二引《赵书》称前燕皇帝"从幽州大道呼沱河，造浮桥，植行榆五十里，署行宫"，是于行道植榆；东晋陆翙《邺中记》载："襄国邺路，千里之中，夹道种榆。盛暑之月，人行其下"，当是大规模种植榆树作行道树的记述。宋代时期，朝廷不仅积极提倡和鼓励植树造林，还推行植树不增税的政策，建立以课民植树考核政绩的制度。《宋刑统·课农桑》律令规定："依田令，户内永业田课植桑五十根以上，榆、枣各十根以上。"因此宋代出现了栽种榆树的时代，道路、河堤均种植榆树。北宋都城汴京开封城街道就是以种植榆柳著称的。宋孟元老《东京梦华录》对此作了"城里牙道，各植榆柳成荫"的详尽描述。栽植行道树的目的正如当时的太常博士范应辰所言："诸路多阙系官材木，望令马递铺卒夹官道植榆柳，或随地土所宜种杂木，五七年可致茂盛，供费之外，炎暑之月，亦足荫及路人"，可见行道树可荫护行人、木材可补官用之不足。

在长期用榆和植榆的历史过程中，我国形成了一种独特的榆树文化现象：一是榆树崇拜，视榆树为火崇拜、古代社树、神、祖先和吉祥的象征；二是榆树诗文，视榆树为表达情感的符号；三是榆树地名，用榆树作某一地名的符号；四是榆木家具，我国自古就有"北榆南榉"之说，天然纹路美观，质地硬朗，纹理直而粗犷豪爽，再加上榆木所特有的质朴天然的色彩和韵致，无不与古人所推崇的做人理念相契合。所以，从古至今，榆木倍受欢迎，是上至达官贵人及文人雅士、下至黎民百姓制作家具的首选。

在现代城市绿化中，榆树不仅是城市绿化、行道树、庭荫树、工厂绿化、营造防护林的重要树种，还是营造防风林、水土保持林和盐碱地造林的主要树种之一。雅俗共赏的老榆木，以自己坚韧的品性、厚重的性格、通达理顺的胸怀，赢得了众人的喜爱与赞赏。

我国北方许多城市、镇村用榆树来命名的也特别多，如以榆树命名的县市有榆林市、榆树市、榆中县、榆次县（现改为榆次区）、瞻榆县（现已划入通榆县）、通榆县等。吉林榆树市，土名孤榆树，其地名的由来，一种说法，据《满洲地名考》记载：市街用土壁围绕，在土壁之上生长着繁茂的榆树，由远望去如同森林，故此地得名榆树；另一种说法，地名源于城南的一棵参天古榆树，据说这棵榆树需十余人合抱。而树的周围百米无其他树木生长，目标明显，引人注目。明至清初，从宁古塔（今宁安市）等地移居的汉人，在此树周围垦荒建屯，称为大孤榆树屯。后来垦荒的人口增多，渐成集镇，于是大孤榆树屯的名称逐渐传开，后来又称孤榆树，县名榆树便由此演变而来。秦代名将蒙恬镇为防止北方匈奴人的袭扰，辟数千里，垒石为城，因广植榆树，"树榆为塞"，陕北榆林市因而得名。甘肃榆中县得名也与植榆有关，历史地理学家史念海先生指出："现在兰州市东南有一个榆中县，其设县和得名，当与这时栽种榆树有关。"榆关是今河北秦皇岛市山海关的古称，明蒋一葵《长安客话》卷七载："今词人仍称山海关曰榆关。按秦蒙恬破胡，植榆为塞，故塞下多榆木，榆关之名起此。"唐李益诗："边霜昨夜堕关榆，吹角当城汉月孤。无限塞鸿飞不度，秋风卷入小单于。"以榆树命名的镇村则更多，如榆树屯、榆树沟、榆树坡、榆树堡、榆树台、榆树川、榆树林、榆树园、榆树溪、榆树湾、榆树谷、大榆树、古榆树、榆木岭、榆木岔、榆木川、双榆、榆社、榆树子、榆林店、榆林镇等。北京市丰台区有榆树庄，海淀区有双榆树、榆树林和榆树里小区，西直门有榆树馆，延庆有大榆树镇，康庄有榆林堡；宁夏回族自治区平罗县有榆树沟；黑龙江省齐齐哈尔市有榆树屯乡，哈尔滨市有后榆树；辽宁省沈阳市苏家屯区城郊乡有榆树台、前榆树台，鞍山市海城市有榆林，昌图县有古榆树，梨树县有大榆树，集安县有榆树林子；吉林省安图县有榆树川，舒兰市有榆树沟、通化县有三棵榆树；河南省洛阳市有榆树园，南阳市镇平县和南阳市百里奚有榆树庄、安阳市有榆林店；山东省烟台市西有榆树庄；陕西省榆林市有榆树湾；内蒙古自治区通辽市开鲁县有大榆树；江苏省苏州市有榆树坊；新疆维吾尔自治区昌吉市有榆树沟、霍城县萨尔布拉克有怪榆沟等；甘肃省金塔县有榆树井；湖南省芷江县有榆树湾；等等，不胜枚举。

在我国还存在这样几棵知名的榆树。其一是位于吉林省农安县万顺乡光辉村四社庙西屯的一棵榆树，被人们称为榆树三兄弟，其树龄已有 450 年，树高 15m，胸径 170cm，树冠覆盖面积 230m²；主干低矮，三大主枝连生在一起，错落有致，树姿十分优雅。传说很多年以前，这里有一个大财主，他有 3 个儿子，长大成人后，父亲要给他们分家立户，但 3 个儿子说什么也不同意，他们说只有团结在一起，齐心协力，日子才会兴旺发达，父亲听了十分高兴。后来，他们的日子果然越来越好，去世后他们葬在一起，然后长出了这棵连体树，表明三兄弟世代同心。其二是位于今陕西省咸阳市永寿县甘井镇的一棵古榆树，该树龄距今已有 1600 余年，全国范围内仅有 4 棵，被专家称为林木中的活化石。树高近 20m，树粗 6.71m，主干粗大，其树身 7 人合抱才能围绕，树冠覆盖面积 242m²，树冠雄伟，挺拔高大，树根凸露地面，盘根错节，酷似蛟龙卧地。更为神奇的是，树身表皮极似豹皮纹身，四季色变，甚为罕见。

习性特征

榆树是我国故有的树种，据植物化石和孢粉分析资料，榆树是显系于新生代第三纪地层的古老树种之一，在我国华北、东北及西北地区的低山、河谷地带已经有分布。新疆库车和昌吉、山西太谷、河南三门峡等地已先后发现第三纪植物化石中有榆树化石。历经第四纪气候的冷暖变化，榆树仍然存留于华夏大地，成为天然植被的组成树种。随着夏商周至明清等历史时期人类社会的发展与进步，榆树天然林广泛分布于华北、东北和西北地区，在我国长江下游各省也均有栽培。榆树喜光，耐旱，耐寒，耐瘠薄，不择土壤，适应性很强。根系发达，抗风力、保土力强。能耐干冷气候及中度盐碱，但不耐水湿（能耐雨季水涝）。具抗污染性，叶面滞尘能力强。

榆树为落叶乔木，高达 25m，胸径 1m。幼树树皮平滑，灰褐色或浅灰色，大树之皮暗灰色，粗糙。叶面平滑无毛。花先叶开放。翅果近圆形，果核初淡绿色，后白黄色。花果期 3～6 月（东北较晚）。

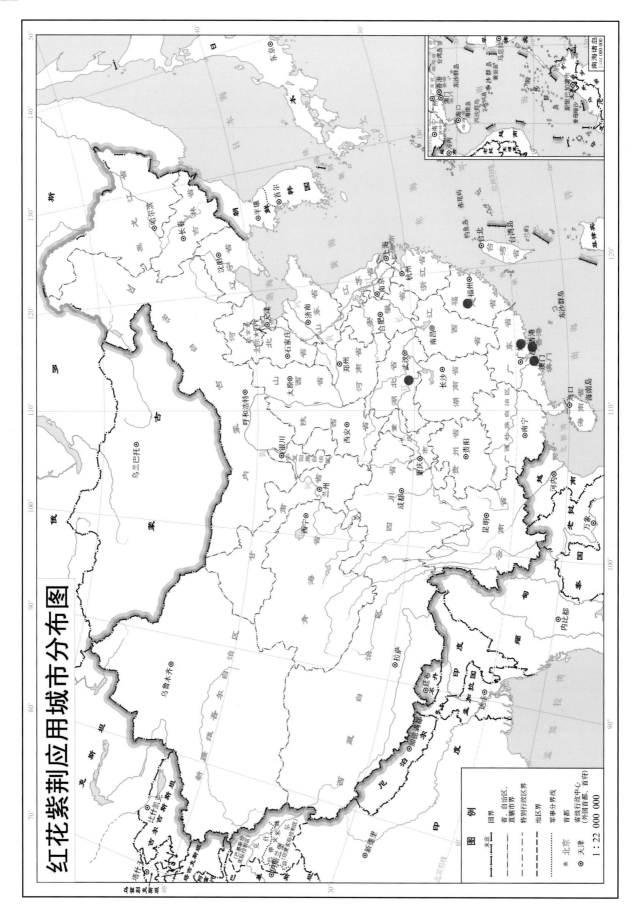

红花紫荆应用城市分布图

12 红花紫荆 *Bauhinia blakeana* Dunn

城市概览

红花紫荆在我国南方城市栽植较多，有 5 个城市将红花紫荆作为市树，分别为：广东省的珠海市和惠州市；福建省的三明市；湖北省荆州市；香港特别行政区。

市树底蕴

红花紫荆，又名紫荆花或红花羊蹄甲，花期全年，3 月最盛，是城市绿化中观赏期较长的一种植物，是南方城市重要的行道树种和庭院绿化树种。紫荆花美丽而略有香味，花期长，生长快，为良好的观赏及蜜源植物，在热带、亚热带地区广泛栽培。木材坚硬，可作农具；树皮含单宁；根皮用水煎服可治消化不良；花芽、嫩叶和幼果可食。

红花紫荆把根深深扎入百姓人家的庭院中，一直是家庭和美、骨肉情深的象征。相传东汉时期，京兆尹田真与兄弟田庆、田广三人分家，所有财产已经分配完毕，余下一棵紫荆树，兄弟三人意欲分为三截。天明，当兄弟三人前来砍树时，发现树已枯萎，落花满地。田真不禁对天长叹："人不如木也！"从此兄弟三人不再分家，和睦相处，紫荆树也随之获得生机，花繁叶茂。因为这个故事，此后所描写手足亲情的诗歌中紫荆便成为思念亲人的知音。陆机为此赋诗："三荆欢同株，四鸟悲异林。"李白在《上留田行》中感慨道："田氏仓卒骨肉分，青天白日摧紫荆。"唐代名诗人韦应物《见紫荆花》诗："杂英纷已积，含芳独暮春。还如故园树，忽忆故园人。"紫荆花便更加成为团结和睦、骨肉难分的一种象征。

紫荆花作为香港市花，在香港的历史上也有一段关于紫荆花的悲凉故事：100 多年前，香港居民为抵挡英国的侵略，前仆后继，很多先烈勇敢献身！劫难过后，大家在桂角山缔造了一座大型坟墓，合葬那些壮烈献身的英雄。后来，桂角山上长出一棵大家从未见过的开着紫赤色花朵的树，很快这花开遍了香港。清明前后花开尤盛，随后民众便将其命名为紫荆花，以怀念那些献身的勇士。

华南农业大学紫荆花

紫荆花路

紫荆花路   紫荆花路

习性特征

　　紫荆花喜温暖、湿润和阳光充足的环境，生长在肥沃、疏松、排水良好的沙土壤中，越冬温度不宜低于10℃。紫荆花树皮暗褐色，近光滑，枝广展，叶近革质。花大，近无梗，花瓣倒卵形或倒披针形，紫红色或淡红色，杂以黄绿色及暗紫色的斑纹。荚果带状，扁平，种子近圆形。花期全年，3月最盛。

紫荆花

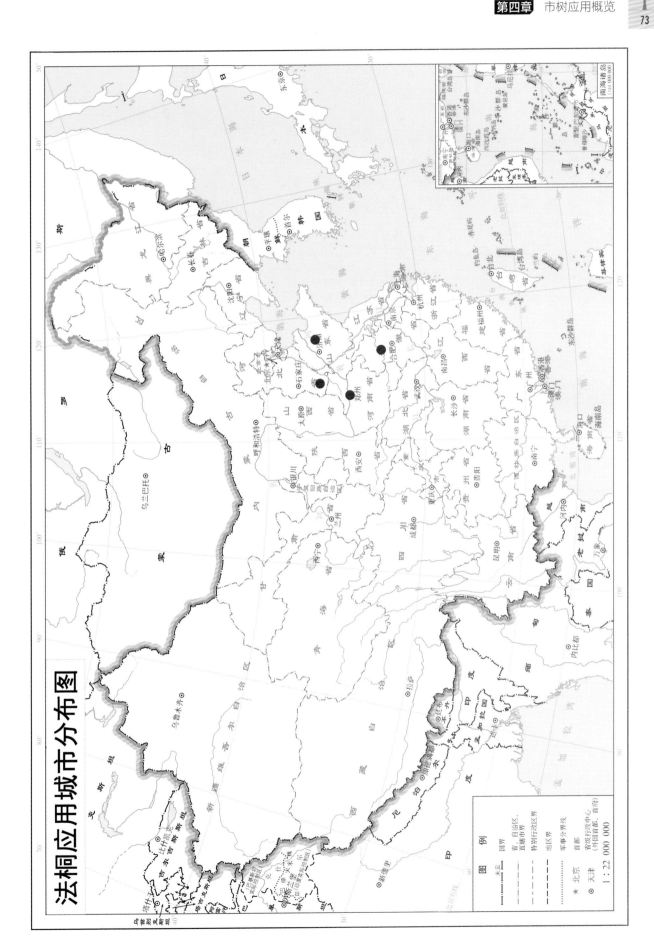

法桐应用城市分布图

13 法桐 *Platanus orientalis* L.

城市概览

　　法桐是世界著名的优良庭荫树和行道树，有"行道树之王"之称，在我国华北和江淮地区城市应用最为广泛。全国共有 4 个城市选其为市树，分别为：河南省的郑州市；山东省的淄博市；安徽省的淮南市；河北省的邯郸市。

市树底蕴

　　法桐原产于欧洲东南部及亚洲西部，在晋代时从陆路传入我国，被称为祛汗树、净土树。法桐是三球悬铃木，其叶子似梧桐，为落叶大乔木，其花果都具有观赏效果，且开花、结果时无异味，无飞毛、刺激性气体产生，春季和秋季观赏效果较佳，适合在城市内种植、使用。

　　陕西省西安市鄠邑区存有一株法桐古树，称祛汗树或鸠摩罗什树，相传印度高僧鸠摩罗什入我国宣扬佛法时携入栽植。西安市西南鄠邑区鸠摩罗什寺曾有两株大树，直径达 3m。法桐虽然传入我国时间较早，但长时间未能继续传播。近代悬铃木大量传入我国约在 20 世纪前 20 年，主要由法国人种植于上海的法租界内，故称为"法国梧桐"，简称"法桐"或"法梧"，其实既非法国原产，又非梧桐。

梧桐路

西安交大法桐步行道

挺拔的实生苗长成的大树
（中国林业科学研究院）

　　法桐在我国城市建设中发挥着重要作用，尤其对南京市有着极其重要的意义。一个有文化的城市，一定是有自己鲜明特色的，法桐也就成为南京的特色，成为南京城市文化的映象和代表。南京的法国梧桐是南京历史的遗存物，民国时期，国民政府定都南京，1928 年，为迎接孙中山先生遗体从北京来到南京中山陵下葬，国民政府修建了从下关中山码头到中山陵的道路，并且在路边种植了2 万棵法国梧桐树，法桐既是国民政府首都建设的见证，又代表着人们对孙中山先生的一种怀念，成为整个南京市在那个历史时期城市街道市容不可或缺的景观和城市名片，是民国文化的映象。树木承载着历史，承载着经久不衰的城市文化。

　　法桐不仅是文化的传承者，更是城市园林绿化的重要题材，它们在各类型园林绿地及风景区中起着重要的骨干作用。法桐受欢迎主要有以下几个方面原因：一是喜光、喜湿润温暖气候，较耐寒；二是对土壤要求不严，但适生于微酸性或中性、排水良好的土壤中；三是抗空气污染能力较强，叶片具吸收有毒气体和滞积灰尘的作用；四是生长迅速，适应性强，易成活，耐修剪，对二氧化硫、氯气等有毒气体有较强的抗性。法桐因其良好的适用性、实用性和独特的文化内涵，被市民认可和接受，也受到越来越多城市园林景观设计者的青睐。

习性特征

　　法桐在我国的栽植历史悠久，喜光，喜湿润温暖气候，较耐寒。对土壤要求不严，但根系分布较浅。抗空气污染能力较强。

　　法桐为落叶大乔木，高达 30m，树皮薄片状脱落，嫩枝被黄褐色绒毛。叶大，轮廓阔卵形，基部浅三角状心形，或近于平截。花瓣倒披针形。小坚果之间有黄色绒毛，突出头状果序外。花期4 ～ 5 月，果期 9 ～ 10 月。

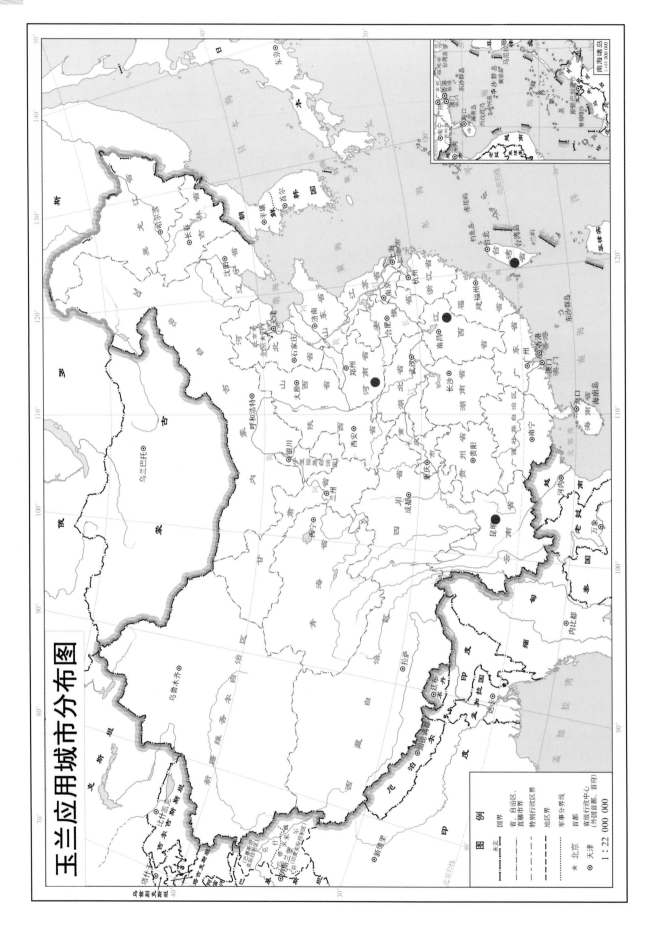

玉兰应用城市分布图

14 玉兰 *Magnolia denudata* Desr.

城市概览

　　玉兰在我国北京及黄河流域以南城市均有栽植，全国共有 4 个城市将玉兰作为市树，分别为：河南省的南阳市；江西省的鹰潭市；云南省的昆明市；台湾省的嘉义市。其中我国河南省南阳市的市树为望春玉兰，并且南召县还被中国林学会授予"中国玉兰之乡"。

市树底蕴

　　玉兰，别名白玉兰、望春、玉兰花，具有很高的观赏价值，为美化庭院的理想植物。自古以来，我国人们就喜欢栽植白玉兰。乾隆皇帝和他的母亲都非常喜欢玉兰树，他为母亲祝寿建清漪园，从全国各地收集了一批名贵的玉兰树，栽在清漪园的乐寿堂周围，并建有玉兰堂，形成著名的玉香海景观。1860 年，玉兰堂被侵华的英法联军烧毁。1886 年，慈禧太后重修清漪园，发现玉兰堂外被烧死的两株玉兰树的枯干断枝上，又重新发枝吐绿，慈禧大悦，下旨说这是祖先遗留下来的生命树，要妥为保护。如今，两株玉兰树犹存，每年春天繁花累累，成为游人喜爱的著名风景古树。

　　玉兰花不仅花美，香气宜人，还有深刻的象征意义。玉兰花反映了人们对美好事物的追求、对完美的向往，人们将自己对美好和纯洁爱情的向往寄托于玉兰花。玉兰的形态昂扬，自己在枝丫上静

玉兰与苏派建筑

玉兰

玉兰花

静开放，香味悠远却不过于争宠，所以玉兰花也寓意高洁和纯洁。在古代，很多人认为玉兰的纯洁代表着一种非常真挚的友情，也有人将玉兰赠送给自己的好友，来表达自己对朋友的思念和真诚。玉兰的花期很长，就算摘下来也能保持很长时间的生命力。所以，人们在节庆的日子将玉兰花相互赠送，表达自己对对方的祝愿，象征着希望双方的友谊能够长久的愿望。就算是上了年纪的老年人，看到玉兰花都会上去嗅一嗅，甚至将它佩戴在自己的胸口，这样就好像自己回到了青春的少女年代一样。所以，玉兰花还有极具童心的寓意。

玉兰亦是刚毅的象征，它代表着吉祥与富贵，民间最熟悉的要数《玉兰富贵图》。另外，赞颂玉兰花的诗咏字画更是多不胜数。唐代白居易的"腻如玉指涂朱粉，光似金刀剪紫霞。从此时时春梦里，应添一树女郎花"，不仅仅赞美了玉兰花的美丽，还把白玉兰比作替父从军的花木兰，表达了对巾帼女将军的盛赞。明代文徵明毫不吝啬地用最美的辞藻来描绘它花开胜雪的景象，"绰约新妆玉有辉，素娥千队雪成围。我知姑射真仙子，天遗霓裳试羽衣。影落空阶初月冷，香生别院晚风微。玉环飞燕元相敌，笑比江梅不恨肥"，真是一副美不胜收的景象。诗人以花喻人，赞玉兰美如天仙，虽不似梅花之清逸，但另有其雍容端丽的风采。明代丁雄"玉兰雪为胚胎，香为骨髓"的评议，赞颂了白玉兰的纯洁与高贵。清代赵执信《大风惜玉兰》诗云"池烟径柳温黄埃，苦为辛夷酹一杯。如此高花白于雪，年年偏是斗风开"，其诗句大大地赞美了白玉兰无所畏惧、不畏严寒、顽强斗争的精神。鲁迅先生更是称赞白玉兰有"寒凝大地发春华"的刚毅性格。

由于玉兰花文化与广大人民群众日常生活密切相关，因而也深深地融入我国特有的民俗文化之中。起源于我国的"二十四番花信风"与二十四节气相对应，是中华花文化的重要体现之一。其中"立春"节气之第三候的代表花信风是"白玉兰仙子"望春花，因此我国古代人民又将洁白如雪、清香如兰的玉兰称为"迎春花"或"望春花"。如古籍《植物名实图考》所述："玉兰即迎春……迎春树高，立春已开。"又如王象晋在《群芳谱》"花谱"4卷列举了花月令，古人以此物候知识来指导农事活动与花卉生产等，其中"二月，桃夭，棣棠奋，蔷薇爬架，海棠娇，梨花溶，木兰竞秀"则指玉兰早春二月开花的特性。湖南省溆浦县大华乡新胜村竹山湾有株神奇的白玉兰古树，为孤立木、野生，树高17m，胸径125cm，树冠覆盖面积260m²，树龄700年。当地称此树为"节气树"，人们以当年玉兰开花多少来预测年成。这株树每年农历二月上旬进入盛花期，花期10天左右。当它含苞待放之时，水稻就要浸种；盛花期间，水稻就要播种育秧。即便到了播种育秧时间，如果未到盛花期，也要等到盛花时间播种，否则会烂秧。当花盛开时，树冠哪边开花多，哪边的水稻就能丰收。据说这种预测已

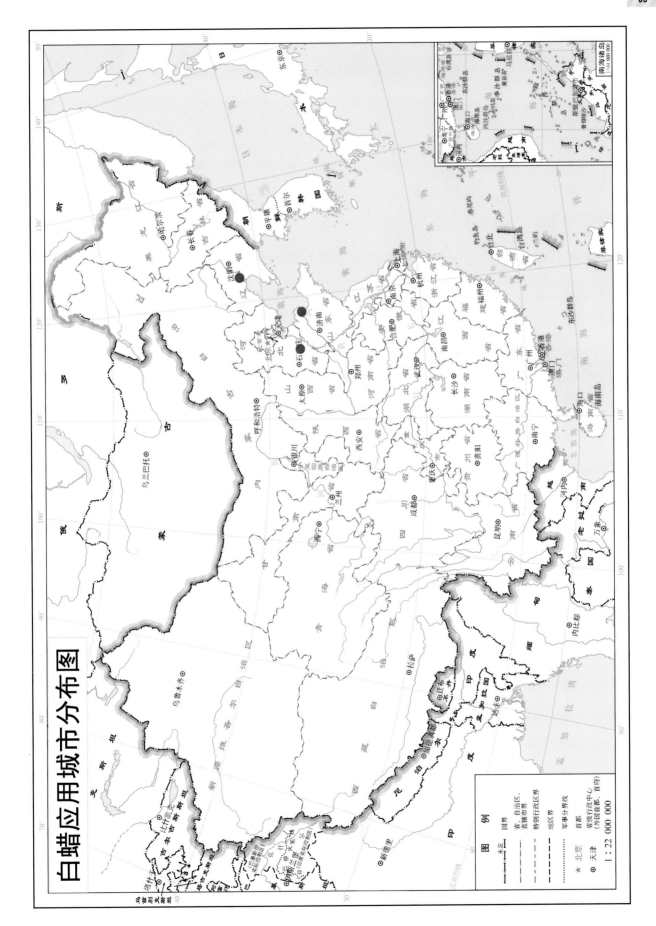

白蜡应用城市分布图

16 白蜡树 *Fraxinus chinensis* Roxb.

城市概览

　　我国栽培白蜡树的历史悠久，分布甚广，在我国渤海湾地区城市绿化中应用较多。我国共有3个城市以白蜡树作为市树，分别为：辽宁省的盘锦市；山东省的东营市；河北省的衡水市。

市树底蕴

　　白蜡树因树上放养白蜡虫而得名。白蜡树虽然没有沁人心脾的香味，没有鲜艳的花朵，但是它不招摇，不炫耀，无论大小还是高矮，都顽强又沉静，自然而舒展。白蜡树更是具有各种各样的风格：雄浑、豪放、自然、清新、朴拙、静谧、绮丽、含蓄，所以归纳起来主要有壮美之境与优美之境之分，亦即"雄"与"秀"之分。

　　白蜡树是城市重要的行道树或基调树种，遮阴和绿化效果都很好，在城市绿化建设中随处可见白蜡树的身影，为市民创造了良好的生活居住环境。

习性特征

　　白蜡树北自我国东北中南部，经黄河流域、长江流域，南达广东、广西，东南至福建，西至甘肃均有分布。白蜡树属于阳性树种，喜光，对土壤的适应性较强，在酸性土、中性土及钙质土上均能生长，耐轻度盐碱，喜湿润、肥沃、沙质和沙壤质土壤。

　　白蜡树为落叶乔木，高 10～12m；树皮灰褐色，纵裂。小枝黄褐色，粗糙。羽状复叶，硬纸质，叶缘具整齐锯齿。圆锥花序顶生或腋生枝梢，花雌雄异株。翅果匙形，坚果圆柱形。花期 4～5月，果期 7～9月。

秋染白蜡　　　　　　　　　　　　　　　　　　　　　　　　　　　　　　白蜡大道

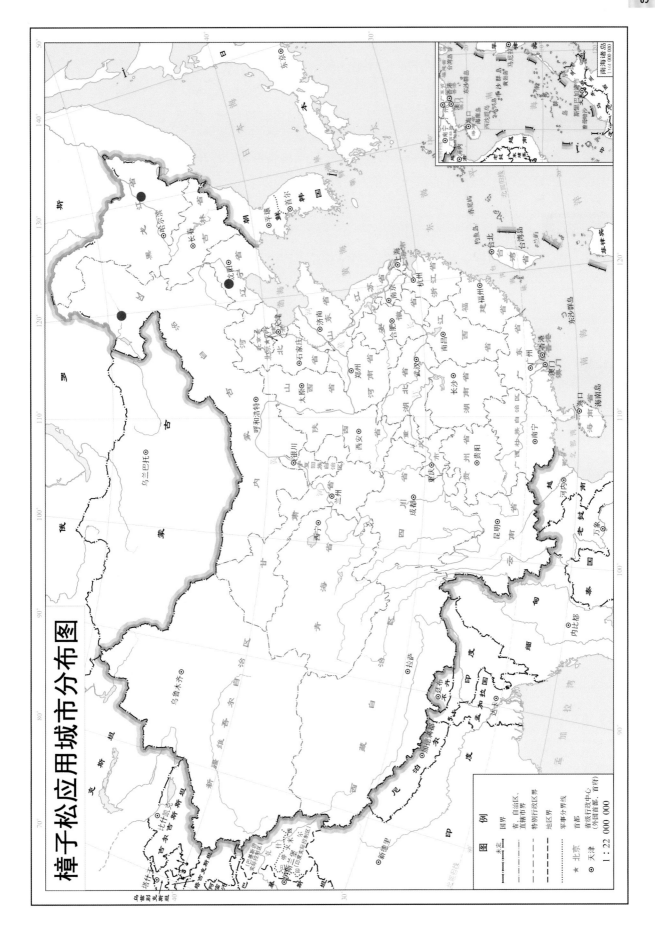

樟子松应用城市分布图

图例

——	国界
——	未定国界
——	省、自治区、直辖市界
——	特别行政区界
——	地区界
······	军事分界线
★	首都
⊙	省级行政中心（外国首都、首府）

北京 首都
天津

1:22 000 000

南海诸岛
1:44 000 000

17 樟子松 *Pinus sylvestris* L. var. *mongolica* Litv.

城市概览

樟子松是我国东北地区的主要树种，我国共有 3 个城市以樟子松作为市树，分别为：黑龙江省的佳木斯市；辽宁省的阜新市；内蒙古自治区的呼伦贝尔市。

市树底蕴

樟子松又名海拉尔松、蒙古赤松、西伯利亚松、黑河赤松，是我国三北地区主要的优良造林树种之一，产于我国黑龙江大兴安岭海拔 400～900m 山地及海拉尔以西、以南一带沙丘地区。蒙古国也有分布。

樟子松是东北地区主要的速生用材，以及防护绿化、水土保持的优良树种，现在也有很多城市以樟子松作为城市行道树种。樟子松树干通直，生长迅速，适应性强；喜阳光，酸性土壤。大兴安岭林区和呼伦贝尔草原沙丘上有樟子松天然林。新中国成立后，人工林取得了很大发展，东北和西北等地区引进栽培的樟子松长势良好，而辽宁省章古台沙地引进栽培的樟子松已经是绿树成荫，防风固沙效果显著，对我国生态环境建设发挥着重要作用。

樟子松林

樟子松行道树

樟子松直立向上，刚正不阿，多用于宫苑、陵寝等庄严肃穆之地。樟子松代表着坚强不屈、不怕困难打倒的精神，它孤独，正直，朴素，不怕严寒，四季常青，是一个真正的强者，其独特的象征意义深受人们喜爱。樟子松所适生的地区冬季持续时间较长，且十分寒冷，樟子松能够顶住冬日的严寒，不畏风雪的洗礼，傲然挺立，给城市增添了别样的风采。

习性特征

樟子松为喜光性强、深根性树种，能适应土壤水分较少的山脊及向阳山坡，以及较干旱的砂地及石砾砂土地区，多成纯林或与落叶松混生。樟子松耐寒性强，能忍受 –50 ～ –40℃低温，旱生，不苛求土壤水分。樟子松高达 25m，胸径达 80cm；大树树皮厚，深裂成不规则的鳞状块片脱落。针叶2针一束，硬直，常扭曲；当年生小球果下垂。球果成熟前绿色，成熟时淡褐灰色。种子黑褐色，微扁。花期 5 ～ 6 月，球果翌年 9 ～ 10 月成熟。

内蒙古红花尔基森林公园樟子松林

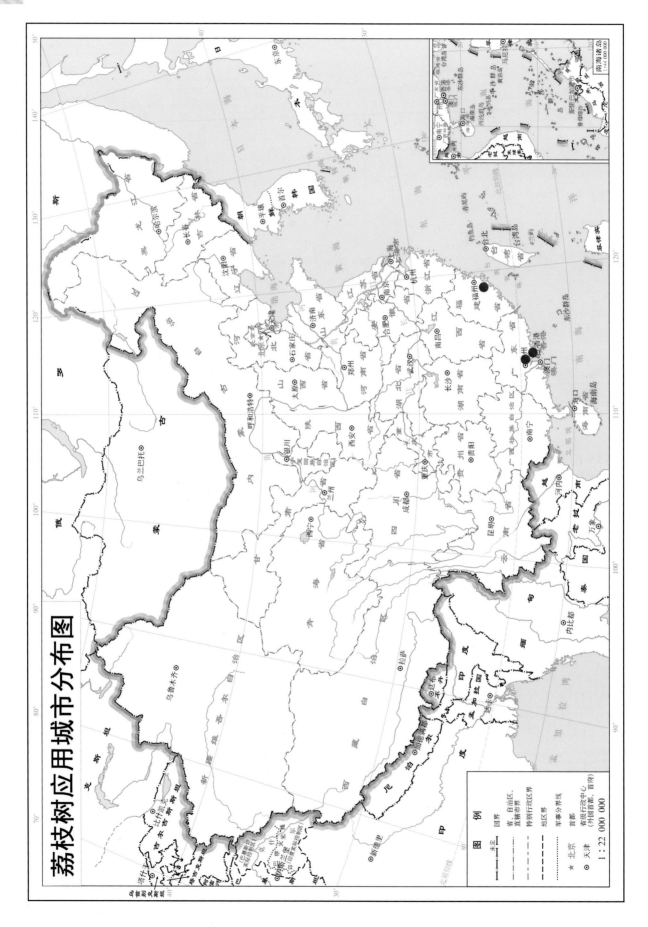

荔枝树应用城市分布图

18 荔枝树 *Litchi chinensis* Sonn.

城市概览

荔枝树是我国岭南地区城市的重要经济树种，我国共有 3 个城市以荔枝树作为市树，分别为：广东省的深圳市、东莞市；福建省的莆田市。

市树底蕴

荔枝树原产于我国，在我国的栽培和使用历史可以追溯到 2000 多年前的汉代。最早关于荔枝的文献是西汉司马相如的《上林赋》，文中写成"离支"，割去枝丫之意。原来，古人已认识到，这种水果不能离开枝叶，假如连枝割下，保鲜期会加长。大约从东汉开始，"离支"便开始写成"荔枝"。荔枝树形态优美，四季常绿，象征欣欣向荣。生命力强，可生长百年以上，象征国家和人民事业蒸蒸日上，长盛不衰，人民群众健康长寿，寓意吉祥。

荔枝树是我国岭南地区的主要经济树种，因其良好的景观效果、鲜美多汁的果实、深厚的文化内涵一直被人们津津乐道，在众多树种中有很强的竞争优势，现在也被广泛作为观赏树种用于城市绿化中。特别是现代绿化景观建设越来越注重乡土景观文化的传承和人的体验与参与，在城市中广植荔枝树，有利于打造与当地风土人情相结合的荔枝文化，拉近人与自然的距离，满足当代市民的体验需求。

荔枝树

由于荔枝在我国栽种历史悠久，也因此积淀了丰富多彩的荔枝文化。王逸于东汉元初年间作的《荔枝赋》，是最早记述荔枝的专篇，文中形容荔枝"灼灼若朝霞之映日，离离如繁星之著天"，赞颂荔枝仰叹丽表，俯偿甘味。唐朝白居易《荔枝图序》写道："树形团团如帷盖。叶如桂，冬青，华如橘，春荣，实如丹，夏熟。朵如葡萄，核如枇杷，壳如红缯，膜如紫绡，瓤肉莹白如冰雪，浆液甘酸如醴酪"，可见荔枝确实娇艳无双、美丽诱人。白居易沉醉在荔枝的美艳上，无法自拔："瓤肉莹白如冰雪，浆液甘酸如醴酪"，眼睛看得舒服，吃到嘴里更是余香长留。苏东坡把荔枝当饭吃："日啖荔枝三百颗，不辞长作岭南人"。台湾抗倭名将、爱国诗人、教育家丘逢甲自谓"平生嗜荔如嗜色"，说荔枝是"天生尤物本销魂""紫琼肤孕碧瑶浆，色味双佳更带香"。就连风流皇帝宋徽宗赵佶也放下九五之尊，情不自禁地夸赞荔枝之美，为其挥毫泼墨："玉液乍凝仙掌露，绛苞初结水晶丸"。更令人叹为观止的是，历代文人雅士无不对荔枝如痴如醉，他们歌咏荔枝的诗文成千上万、汗牛充栋，没有任何一种水果受到如此之多的文人雅士追捧。几乎所有最著名的古代诗人都有咏荔名作传世，丘逢甲所作的《荔枝》组诗竟然达百多首，其故居屋后至今尚有其手植的大荔枝树12株。无独有偶，当代最伟大的画家齐白石的荔枝图也有100多幅，在他96岁的时候还在画，更有甚者，他临终时画室墙上悬挂的却是一幅1936年画的《荔枝篮图》。可见，荔枝于丘逢甲和齐白石，可以说是魂牵梦绕，终其一生。其中奥妙，除荔枝无与伦比的美味外，更是附丽于荔枝的文化魅力使他们欲罢不能。

宋仁宗嘉祐四年（1059年），蔡襄编成《荔枝谱》一书，对荔枝的品种、地理分布、栽培、品种特征、产地、优劣、营养功能、采摘、加工方法和在国内外贸易的情况等都做了空前详细的叙述，他被召入京任翰林学士权三司使时，曾将《荔枝谱》进呈仁宗御览，后刻印成书。据英国李约瑟博士编著的《中国科学技术史》考证，此书是现存的问世时间最早、内容最全面的水果专著，堪称世界上第一部果品分类学著作，此后被译成英文、法文、日文、拉丁文等多种文字出版，并流传于世界十几个国家和地区。

关于荔枝的故事广为流传，最家喻户晓的浪漫故事莫过于一代明君唐明皇经不住荔枝美味的诱惑，为了让自己和最宠爱的杨贵妃能吃到最新鲜的荔枝，令人从数千里以外的茂名以快骑驿送，一路毙马无数，引起众怒，丢掉了皇位不说，还差点葬送了大唐江山，犯下了最美丽也最凄惨的历史性错误。诗人杜牧最著名的诗句写道："长安回望绣成堆，山顶千门次第开。一骑红尘妃子笑，无人知是荔枝来。"吃了新鲜荔枝的杨贵妃，保养了自己的性感和美丽，直至生命的最后一刻。

习性特征

荔枝原产于我国，主要分布于北纬18～29°，广东栽培最多，福建和广西次之，四川、云南、贵州及台湾等省也有少量栽培。荔枝树喜高温高湿，喜光向阳，它的遗传性要求花芽分化期有相对低温，但最低气温在－4～－2℃时又会遭受冻害；开花期天气晴朗温暖而不干热最有利，湿度过低，阴雨连绵，天气干热或强劲北风均不利于开花授粉。

荔枝树是常绿乔木，树体高大，主干粗大。树皮粗糙呈微龟裂状，但较龙眼光滑。不同品种树皮的色泽和糙度有差异。荔枝树干木质纹理幼细，呈棕红色。圆锥花序，花小，无花瓣，绿白色或淡黄色，有芳香。果圆形，鲜红，紫红色。果肉产鲜时半透明凝脂状，味香美。3～4月开花，后结果，6～7月果实成熟。

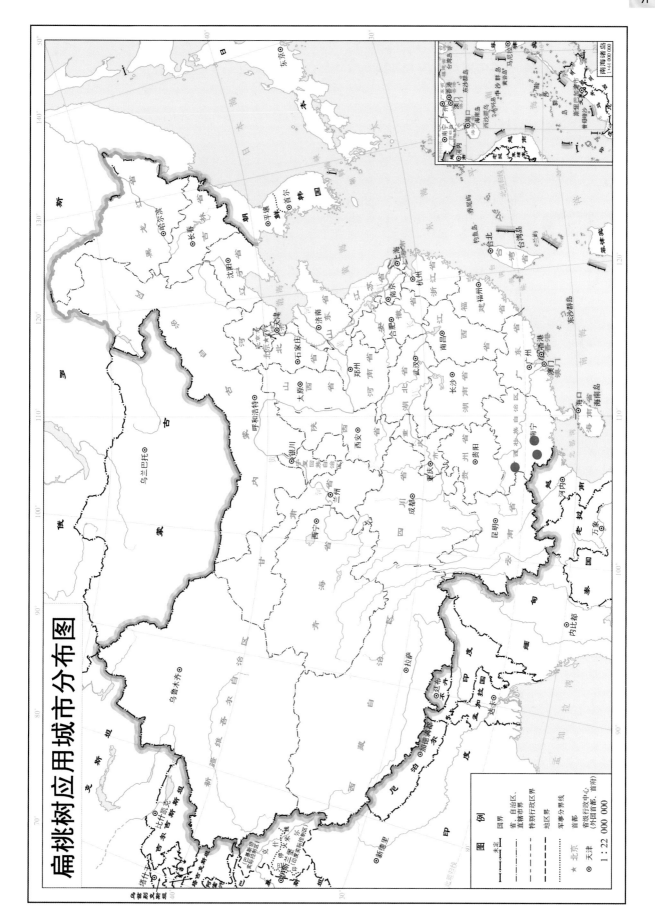

19 扁桃树 *Mangifera persiciformis* C. Y. Wu et T. L. Ming

城市概览

扁桃树为我国广西壮族自治区的特有树种，现被3个城市选为市树，且全部隶属于广西壮族自治区，即南宁市、崇左市、百色市。

市树底蕴

扁桃树是重要的经济树种，也称扁桃杧果、天桃木。扁桃树也是很有观赏价值的一种绿化树种，其树冠圆整呈广卵状，冠大浓荫，四季常青，树型纹理美观，既能乘凉又能观赏，在城市绿化中也有很高的价值和贡献，南宁市附近已作行道树栽培。

广西多个城市选定扁桃树为市树，主要基于以下几个显著特点：一是扁桃树属于地方乡土树种；二是扁桃树属于大众化树种，容易栽培与推广；三是扁桃树属于优良绿化树种，根系发达，萌芽力强，可作为干旱地区造林与水土保持的生态树种；四是扁桃树具有多种用途，扁桃仁营养价值很高，是植物蛋白的重要来源，扁桃树还是一种优良的木本油料树，具有较高的工业利用价值；五是扁桃树具有美好的象征意义，其枝叶茂密，一年四季常绿，充满生机与活力。

扁桃树喜光，不耐遮阴和密植，否则枝条会变细、弯曲，内膛空虚，结果不良。扁桃树抗寒力强，在休眠期可忍耐 –20℃的低温，但休眠期过后抗寒性急剧降低，其独特的环境要求使其只能在一些特定区域种植。

习性特征

扁桃树喜光，不耐遮阴和密植，不适于在地下水位高于 3.0 ～ 3.5mm 的地区栽植。扁桃树为常绿乔木，枝圆柱形，灰褐色，具条纹。花期 2 ～ 3 月，果期 7 ～ 8 月。

广西南宁扁桃树

扁桃行道树

20 侧柏 *Platycladus orientalis* (L.) Franco

城市概览

侧柏是我国应用最广泛的绿化树种之一，除青海、新疆外，全国均有分布。目前，全国有 3 个城市选侧柏为市树，即北京市、西藏自治区拉萨市、陕西省延安市。其中，陕西省延安市的市树名为柏树，其代表树种则为侧柏。

市树底蕴

侧柏在城市绿化中有着不可或缺的地位，可栽植行道、亭园、大门两侧、绿地周围、路边花坛及墙垣内外，均极美观。小苗可做成绿篱，隔离带围墙点缀。侧柏还具有很强的耐污染、耐严寒、耐干旱的特点和成本低廉、移栽成活率高、货源广泛的市场优势，也是道路绿化和荒山绿化的首选苗木之一。

侧柏乃百木之长，素为正气、高尚、长寿、不朽的象征。自古以来就常栽植于寺庙、陵墓和庭园中，大片的侧柏营造出了肃静清幽的气氛，巧妙地表达了"大地与天通灵"的主题。

在我国留存着许多著名的古柏。在北京市劳动人民文化宫的太子林留存着一处古柏林，相传为明代太子所植，太子年幼调皮，随意栽植不循行距，随从亦不敢阻拦，任其所为，故而此林和他处的柏林不同，纵横排列，参差不齐，形成一处独特景观。碧云寺的九龙柏是棵侧柏，因树干分成九枝，酷似九龙腾舞而得名，民国初年，孙中山先生至此，见该树濒于枯萎，曾亲手清理积石，扶植此柏，1925 年孙中山先生逝世后，灵柩曾暂厝塔内，1929 年移灵时，孔祥熙再观此柏，已青翠茂盛，特撰写《总理亲手扶植塔顶侧柏记》以示纪念。1988 年此树被定为一级古树。

陕西省黄陵县桥山黄帝陵分布着 80 000 余株古柏，是世界上最大的古柏林，其中的黄帝手植柏更是被看成精神的象征。陕西省黄陵县黄帝陵轩辕庙内有许多侧柏，其中有一株人称轩辕柏，相传为黄帝手植，号称"世界柏树之父"，树高 20m 以上，胸围 7.8m。轩辕黄帝是五千年中华文明古国的

四川广元剑门关翠云廊"皇柏大道"

北京天坛公园侧柏古树

陕西黄陵古柏

奠基者，黄帝手植柏被看成黄帝精神，也是中华民族精神的象征。古柏作为活的文物，被人比作坚强、伟大、忠心的象征。清代曹一士曾写《咏古柏》古诗一首：桃李艳春日，松柏黯无光。贞心结千古，誓不随众芳。

侧柏还有对爱情的象征意义。在潭柘寺的毗卢阁前，一棵柏树和一棵柿树，两棵不同树种，却百年相伴共生，像情侣紧紧贴在一起，故有"百事 [柏柿] 如意"之意。还有故宫御花园天一门内的连理柏，是两棵古柏，双干跨中轴线上，其上部相对倾斜生长，而它们的树冠相交缠绕，树干相交部位已融为一体，位在中轴线上方，人们将他们视为忠贞爱情的象征。

习性特征

侧柏产于我国内蒙古南部、吉林、辽宁、河北、山西、山东、江苏、浙江、福建、安徽、江西、河南、陕西、甘肃、四川、云南、贵州、湖北、湖南、广东北部及广西北部等省区。侧柏喜光，幼时稍耐阴，适应性强，对土壤要求不严，在酸性、中性、石灰性和轻盐碱土壤中均可生长。高达20m，幼树树冠卵状尖塔形，老树树冠则为广圆形。花期3～4月，球果10月成熟。

21 云杉 *Picea asperata* Mast.

城市概览

云杉在我国海拔 2400 ～ 3600m 地带生长较好，也有一些北方城市将云杉引种到城市中并将其用作园林绿化树种。目前，全国有 2 个城市以云杉为市树，即内蒙古自治区的包头市、黑龙江省的牡丹江市。

市树底蕴

云杉树形端正，树干高大通直，枝叶茂密，具有极高的观赏性。在我国，云杉以华北山地分布最广，东北的小兴安岭等地也有分布。云杉既是山地造林的理想树种，又可在城市绿化中使用。云杉实生性广、移栽成活率高，既不威胁空中线路，又不威胁地下管网，无色、无味、无刺、无飞毛扬絮，抗逆性强，是优良的行道树种选择。

云杉也是极好的用材树种，干直节少，材质略轻柔，纹理直、均匀，结构细致，易加工，具有良好的共鸣性能，可供建筑、飞机、乐器（钢琴、提琴）、舟车、家具、器具、箱盒、刨制胶合板与薄木及木纤维工业原料等用材使用。

云杉寿命很长。2014 年 2 月，瑞典科学家在一座山脉上发现了一株 9500 年树龄的云杉，堪称"世界上最古老"的树，而且它还在继续生长。

挺拔的云杉

云杉林

习性特征

　　云杉耐阴、耐寒，喜欢凉爽湿润的气候和肥沃深厚、排水良好的微酸性沙质土壤，生长缓慢。云杉属于浅根性树种，能耐干燥及寒冷的环境条件，在气候凉润、土层深厚、排水良好的微酸性棕色森林土地带生长迅速，发育良好。云杉株高可达30m以上，树冠广圆锥形，呈灰褐色。花期4～5月，球果9～10月成熟。

22 沙枣 *Elaeagnus angustifolia* L.

城市概览

沙枣在我国西北各省区和内蒙古西部分布较多，少量的也分布于华北北部、东北西部。目前，全国有 2 个城市以沙枣为市树，即内蒙古自治区的乌海市、宁夏回族自治区的银川市。

市树底蕴

沙枣别名七里香、香柳、刺柳、桂香柳、银柳、银柳胡颓子、牙格达、红豆、则给毛道、给结格代。沙枣在我国主要分布在北纬 34° 以北地区。天然沙枣林集中在新疆塔里木河、玛纳斯河，甘肃疏勒河，以及内蒙古额济纳河两岸。内蒙古地区黄河的一些大三角洲（如李化中滩、大中滩）也有分布。人工沙枣林则广布于新疆、甘肃、青海、宁夏、陕西和内蒙古等省区，尤其新疆南部、甘肃河西走廊、宁夏中卫、内蒙古的巴彦淖尔市和阿拉善盟、陕西榆林等地分布更为广泛。

沙枣具有较好的绿化应用价值，由于其根蘖性强，能保持水土，抗风沙，防止干旱，调节气候，改良土壤，常用来营造农田防护林、防风固沙林，在保证农业稳产丰收方面起了很大作用，并在城乡地区广泛栽植。同时，沙枣也常被用作园林绿化树种使用，特别是在庭院绿化、公园绿化中应用较多，有些城市还以沙枣作为城市行道树。山西、河北、辽宁、黑龙江、山东、河南等省也在沙荒地和盐碱地引种栽培。

沙枣树

沙枣

与绿化应用价值相比较，沙枣更是我国西北地区重要的经济树种，具有食用、药用、材用、饲料等价值。沙枣叶和果实均含有牲畜所需要的营养物质，是羊的优质饲料。花可提取芳香油，作调香原料，用于化妆品、皂用香精中。沙枣果实、叶、根可入药，果汁可作泻药，果实与车前一同捣碎可治痔疮，根煎汁可洗恶疥疮和马的瘤疥，叶干燥后研碎加水服，对治肺炎、气短有效。沙枣木材坚韧细密，可作家具、农具，也可作燃料，是沙漠地区农村燃料的主要来源之一。

习性特征

沙枣有抗旱、抗风沙、耐盐碱、耐贫瘠等特点。沙枣树高 5～10m，树干无刺，枝条有刺，呈红棕色。果椭圆形，粉红色或深红色，果肉粉质，乳白色或淡黄色。花期 5～7 月，果期 8～10 月。

23 合欢 *Albizia julibrissin* **Durazz.**

城市概览

　　合欢在我国栽植很广泛，除西北地区外，其他地区城市均应用较多。目前，全国有 2 个城市以合欢为市树，即陕西省的铜川市、山东省的威海市。

市树底蕴

　　合欢又名夜合树、马缨花、绒花树、乌绒树、扁担树，是一种以观赏为主、兼多种用途的优良树种，非常适宜种植于公园、机关、庭院等处，且常作行道树及草坪、绿地风景树。由于合欢寓意"言归于好，合家欢乐"，且花和树皮具有安神解郁的保健作用，其木材又是制作扁担之首选，因而受到大众的喜爱。

　　在城市绿化中，合欢单植可成为庭院树，也可与花灌类植物配植或与其他树种混植成为风景林，是重要的园林景观树。其树姿优美，叶形雅致，昼开夜合，入夏绿荫清幽，绒花吐艳，有色有香，形成轻柔舒畅的景观效果。以配置于溪地、池畔、水边、园路转弯处最为适宜，可起到风景点缀的作用，也可在家中小院或建筑庭院中种植，周围配以石桌、石凳，加之合欢的叶荫花香迷人之景，是夏天纳凉的好去处。

　　合欢还被广泛用作行道树。合欢树冠开展，在夏天遮阴效果较好，同时，合欢的红花绿叶能起到美化街景的作用，使人赏心悦目。另外，据相关研究表明，合欢对二氧化硫、氯化氢等有害气体有较强的抗性，作为行道树种植不仅可美化环境，还可吸收汽车所排放的尾气，起到净化空气的作用。

　　合欢花在我国传统文化中有吉祥之花之意，自古以来人们就有在宅第园池旁栽种合欢树的习俗，寓意夫妻和睦，家人团结，对邻居心平气和，友好相处。清人李渔说："萱草解忧，合欢蠲忿，皆益

合欢

合欢行道树

人情性之物，无地不宜种之。凡见此花者，无不解愠成欢，破涕为笑，是萱草可以不树，而合欢则不可不栽。"合欢花的小叶朝展暮合，相传古时夫妻争吵，言归于好之后，便会共饮用合欢花沏的茶。人们也常常将合欢花赠送给发生争吵的夫妻，或将合欢花放置在他们枕下，祝愿他们和睦幸福，生活更加美满。朋友之间如发生误会，也可互赠合欢花，寓意消怨合好。

　　合欢还是一种惹人喜欢的植物，它有很多别名，其中"爱情树"的别名还有着动人的传说。话说古时泰山脚下有个村子，村里有位何员外。何员外晚年生得一女，取名欢喜。这姑娘生得聪明美貌，何员外夫妻俩视如掌上明珠。欢喜18岁那年清明节到南山烧香，回来后得了一种难治的病，精神恍惚，茶饭不思，一天天瘦下去，请了许多名医，吃了很多药，都不见效。因此，何员外贴出告示，重金酬谢能够医治小姐疾病者。西庄有一位秀才虽然穷，但长得眉清目秀，天资聪慧，除文才过人外，还精通医道，苦于无钱进京赶考。看到告示，秀才便揭榜进门。见到小姐，秀才即全然知晓病情，原来那日小姐南山烧香，与秀才邂逅便喜欢上他，回家后日夜相思，此番见到秀才，病就好了一大半。于是，在诊脉后秀才说："这位小姐是因心思不遂，忧思成疾，情志郁结所致。"又说南山上有一棵树，人称"有情树"，羽状复叶，片片相对，而且昼开夜合，其花如丝，清香扑鼻，可以清心解郁，定志安神，煎水饮服，可治小姐疾病。听了秀才的话，员外随即派人和秀才一起前往南山采集此花。按照秀才所讲方法，小姐服用后，不久痊愈，因此对秀才更生好感。在小姐的资助下，秀才进京赶考，既考中状元，又赢得小姐芳心，金榜题名之时，即洞房花烛之夜。后来，人们便把这种"有情树"称为合欢树，这花也就称为合欢花了。

习性特征

　　合欢原产于美洲南部，喜温暖湿润和阳光充足的环境，对气候和土壤的适应性强，宜在排水良好、肥沃的土壤中生长，也耐瘠薄土壤和干旱气候，但不耐水涝，生长迅速。合欢高可达16m，树干灰黑色，树冠呈伞形。花期6～7月，果期8～10月。

24 桃树 *Amygdalus persica* L.

城市概览

桃树是我国栽植最广的经济树种之一，是乡村产业的重要支柱果品。目前，全国有名的桃乡城市有数十个，如平谷、肥城、固原、桃园、青州、枣阳、蒙阴、深州、安宁、奉化、秦安、商水、开封、抚宁、遵化、临漳、宝鸡、天水等。全国有 2 个城市以桃树为市树，即山西省的固原市、台湾省的桃园市。

市树底蕴

桃树是我国常用的经济树种和观赏绿化树种。随着近几年园林绿化植物造景的不断丰富，桃树以其叶形优美、花色娇艳，集叶、花、果、形于一体的特性，也成为优良的城市绿化树种，适于多种环境栽植。

桃是五果之首。在我国传统文化中，桃是一个多义的象征体系，枝木用于驱邪求吉，在民间巫术信仰中源自万物有灵的观念。桃果融入了我国的神话中，隐含着长寿、健康、生育的寓意。桃树的花叶、枝木、果实都烛照着民俗文化的光芒，其中表现的生命意识致密地渗透在我国桃文化的纹理中。"桃文化"的形成对于景观意境的创设发挥了重要作用，意境是桃文化在园林景观应用中的精髓。桃文化作为一种文化符号，赋予园中景观小品深刻的含义，增添游赏趣味。在现代园林景观设计中，对桃树进行孤植、对植、丛植等配置方式，以及庭院栽植、桃树专类园、盆栽等应用形式，遵循生态学、文化性、艺术性原则，打造独一无二的园林景观。

桃花

贵州翁安县千树万树桃花开

　　至今桃树在我国已有数千年的栽植历史，有很多传说流传至今。民间有这样一种说法：古代将桃树称为"刽子手"。桃花、桃枝、桃实都是血红色的，妖魔鬼怪都愿意在桃树上住，所以不敢种在院里。胶县一带，桃树只能种在后院，禁忌栽到前院，俗以为桃树上有邪气。如果种到前院，树根扎到屋里，人就有性命之忧。河南方城一带也忌院内种桃树，俗以为桃木有法力，桃木多用作辟邪桩橛。也有一种说法即种桃树是逃荒要饭的，这是"桃"与"逃"谐音的缘故。民间还有"门前一株桃，讨气讨不了"的说法，也与谐音有关。桃木能辟邪，江浙一带未满周岁的小孩出门时，都折一根桃枝插帽子或衣服上来辟邪。亦有神话记载《太平御览》引《汉旧仪》曰："《山海经》称：东海之中度朔山。山上有大桃，曲蟠三千里。东北间，百鬼所出入也。上有二神人，一曰神荼，二曰郁垒，主领万鬼。恶害之鬼，执以苇索，以食虎。黄帝乃立桃人于门户，画神荼、郁垒，与虎、苇索，以御鬼。"其意义为：东海中有一座度朔山，山上有桃树，枝叶繁茂，蜿蜒盘旋三千里。其中近地的树枝间，被称为"东北鬼门"，是万鬼出入的地方。上面有两个神仙：一个叫"神荼"，一个叫"郁垒"，他们专门管这些鬼，如果哪个鬼害了人，他们就用绳子将其捆绑起来，去喂虎。黄帝仿照这种方法，在自家门上插上桃树枝，上面画上"神荼""郁垒"拿绳子的样子，用来驱赶凶鬼，又在门上画只虎，让它来吃鬼。关于度朔山的故事，后来演化成一种生活习俗，那就是在门上挂桃人可以辟邪，这也是后来"桃符"的源头。

习性特征

　　桃树原产于我国，各省区广泛栽培，世界各地均有栽植。桃树性喜阳光、耐寒、耐旱、不耐水湿，种植时最好选择空气流畅处。高3～8m，树皮暗红褐色，花先于叶开放，花瓣长圆状椭圆形至宽倒卵形，粉红色或白色。花期3～4月，果期通常为8～9月。

25　红松 *Pinus koraiensis* Sieb. et Zucc.

城市概览

　　红松主要分布在我国东北地区城市，目前，吉林省的白山市、黑龙江省的伊春市 2 个城市选定红松为市树。同时，伊春市小兴安岭的自然条件最适合红松生长，全世界一半以上的红松资源分布在这里，因而伊春还被誉为"红松故乡"。

市树底蕴

　　红松是像化石一样珍贵而古老的树种，天然红松林是经过几亿年的更替演化而形成的，被称为"第三纪森林"。红松在地球上只分布在我国东北的小兴安岭到长白山一带，国外只分布在俄罗斯、日本、朝鲜的部分区域。

　　近年来，红松已从偏僻的山川走进了喧嚣的城镇街市，许多红松被用作行道树、风景林、庭荫树等。红松树干粗壮，树高入云，伟岸挺拔，也是天然的栋梁之材，无论在古代的楼宇宫殿还是近代的人民大会堂等著名建筑中，红松都起到了脊梁的作用，是建筑、国防、工业、家具的良好用材，被称为世界优良用材。红松生长缓慢，树龄很长，四百年的红松正为壮年，一般红松可活六七百年，红松也因此成为长寿的象征。

　　红松不仅因其稀有珍贵而受到人们喜爱，更因为其与众不同的优良本质而得到人们的赞赏。红松洁身自好，秀外慧中，顶天立地，四季常青，有着自己独特的姿态。它既没有华丽妩媚的外表，

红松林

红松

又散发不出招蜂引蝶的花香气息，可它有着一身的正气和擎天傲骨。从红松身上，你能强烈地感觉到一种不卑不亢和刚直不阿的刚烈气节，以及坚韧不拔和自强不息的崇高品格。红松有顽强的生命力，在烟波缥缈的高山之巅，它像铁塔一样傲然屹立；在怪石嶙峋的悬崖峭壁之间，它像钢钉一样牢牢嵌入石缝，有着"咬定青山不放松"的气节；在山风凛冽的不毛之地，它照样不屈不挠地顽强拼搏。红松的刚毅性格，给懦弱者以骨气；红松的无私奉献，给腐朽者以鞭挞；红松的高尚情操，给爱民者以褒奖；红松的豁达大度，给狭隘者以抨击。红松的品格，不仅仅代表着高山仰止的民族气节和冰清玉洁的高贵品格，还代表着理想与信念的象征和坚贞不屈的奋斗精神。

红松属于其所在森林系统中的顶级群落，是支撑性的树种。我国最大的"红松树王"位于黑龙江省伊春市五营区的丰林国家级自然保护区，生长在小兴安岭中部阳坡红松林带的核心部位，树高38m，胸径1.7m，树龄约760年，是欧亚大陆北温带最古老、最丰富、最多样的生态系统中的植物界"活化石"。

习性特征

红松产于我国东北长白山区、吉林山区及小兴安岭爱辉区以南海拔150～1800m、气候温寒、湿润、棕色森林土地带，树高可达30m，幼树树皮灰褐色，近平滑，大树树皮灰褐色或灰色，纵裂成不规则的长方鳞状块片，树冠圆锥形。花期6月，球果翌年9～10月成熟。

26 黑松 *Pinus thunbergii* Parl.

城市概览

黑松在我国分布较广，东北、华北、华东地区的很多城市均有栽植。目前，吉林省的长春市、台湾省的新竹市 2 个城市选定黑松为市树。

市树底蕴

黑松，别名白芽松，树形多姿，姿态雄壮。黑松作为一种耐旱、耐盐碱性良好的树种，近年来，被广泛用于沿海防护林的建设中。它能够锁住流动的沙丘，改善生态环境，可用作防风、防潮，以及防沙林带及海滨浴场附近的风景林、防护林。目前，我国烟台、威海、旅顺、大连、杭州等地均栽植了大量黑松沿海防护林。黑松还可以用于道路绿化、小区绿化、工厂绿化等，绿化效果好，恢复速度快，而且价格低廉。黑松亦有密植成行并修剪成整齐式的高篱，围绕于建筑或住宅之外，即有美化作用，又有防护作用。

黑松经抑制生长，还可制作成斜干式、曲干式、悬崖式等形状的黑松盆景，多年培养的黑松桩景，老干苍劲虬曲，盘根错节，均具有较高的观赏价值和市场价值。

黑松

黑松

习性特征

    黑松原产于日本及朝鲜南部海岸地区，喜光，耐干旱瘠薄，不耐水涝，不耐寒，适生于温暖湿润的海洋性气候区域，最宜在土层深厚、土质疏松且含有腐殖质的沙质土壤中生长。黑松高达 30m，胸径可达 2m，幼树树皮暗灰色，老则灰黑色，粗厚，裂成块片脱落，树冠宽圆锥状或伞形。花期 4～5 月，种子翌年 10 月成熟。

27 刺桐 *Erythrina variegata* Linn.

城市概览

刺桐在我国南方城市栽植较多，福建省泉州市以刺桐为市树。《异物志》记载："苍梧即刺桐，岭南多此物，因以名郡"。泉州因为刺桐的普遍，古又称为"刺桐城"，广西梧州多刺桐，故以苍梧命名此地，"刺桐城"也是台南市的别称。

市树底蕴

刺桐原产于热带亚洲，花大花美，作为观赏树木，适合单植于草地或建筑物旁，既可供公园、风景区美化，又是公路及市街的优良行道树。

刺桐曾被一些地方的人们看作时间的标志，台湾噶玛兰族以刺桐花开时为过年。有史料记载，300多年前，台湾平埔族山里的同胞没有日历，甚至没有年岁，不能分辨四时，而是以山上的刺桐花开为一年，过着逍遥自在的生活。日出日落，花开花谢又一年。这样自然美丽的时钟带着淳朴的乡趣，也是人们心中的图腾所向。

刺桐也有吉祥的寓意。在我国某些地方的旧俗中，人们曾以刺桐开花的情况来预测年成：如头年花期偏晚，且花势繁盛，那么就认为翌年一定会五谷丰登，六畜兴旺，否则相反；还有一种说法是刺桐每年先萌芽后开花，则其年丰，否则反之。所以刺桐又名"瑞桐"，代表着吉祥如意。因为这一点，在宋代还引出一场小小的争论。争论的一方是作为廉访使到泉州的丁谓，他很希望能先看到刺桐的青叶，使泉州年谷丰熟，于是曾写下这么一首诗："闻得乡人说刺桐，叶先花发始年丰。我今到此

福建泉州刺桐花开

四川西昌最美乡村路

刺桐花

忧民切，只爱青青不爱红。"争论的另一方是到泉州来当郡守的王十朋，他与丁谓抱有相同的愿望，但他不相信先芽后花或先花后芽那一套谶语，为此也写下了一首诗："初见枝头万绿浓，忽惊火伞欲烧空。花先花后年俱熟，莫道时人不爱红。"虽有争论，但都代表着美好的希望，这场争论便成为流传人间的一段佳话。

　　刺桐不仅在我国很受欢迎，在国外也被世人推崇。阿根廷人普遍喜欢刺桐，并以之为国花。这可能与当地的一个古老传说有关：很久以前在阿根廷，有许多地区常遭水灾，可是说也奇怪，只要有刺桐的地方，就不会被洪水淹没。因此，人们就把刺桐看成保护神的化身，四处广为栽培，更进一步将它推举为国花。

　　在我国，古代人们以刺桐作为时钟，沉浸在淳朴的乡趣中，过着闲适轻松自在的生活，勾画着内心美丽的蓝图。在科技迅速发展的今天，我们通过营造各种景观，使城市居民能够回归自然，与自然和谐相处。如把刺桐树所蕴含的文化底蕴在设计中加以利用，提炼出一些景观主题，就会为城市居民创建一个城中的"世外桃源"，带来片刻的轻松与舒适。

习性特征

　　刺桐喜强光照，要求高温、湿润环境和排水良好的肥沃沙壤土。刺桐高达20m，干上有刺，叶为羽状叶，开红花，结黑籽。花期3～4月，果期8月。

28　枣树 *Ziziphus jujuba* Mill.

城市概览

枣树在我国各地广为栽培，山东省的枣庄市和德州市选定枣树为市树。另外，我国还有乐陵、敦化、新郑、临泽、榆林、沧州等数十个城市的枣产业发达，新郑市被国家林业局命名为"中国大枣之乡"。

市树底蕴

枣树是比较常见的农业经济树种和庭院绿化树种，金秋九月，红色的果实点缀在枝头，与绿色的树叶相互映衬，给人们带来良好的视觉效果。枣作为果实，不仅具有观赏价值，还是我国烹饪中的主要干果原料之一。很多人都知道枣是我国原产，自古以来就与桃、李、梅、杏并称为"五果"，我国民间也有很多关于枣的说法："一日吃三枣，终生不显老""五谷加大枣，胜过灵芝草""若要皮肤好，粥里加大枣"等，因此，枣也被称为"百果之王"。

关于枣的历史非常悠久。枣在我国的文字记载已有3000多年，关于枣的最古老的著述出现于《诗经》，《诗·豳风·七月》有"八月剥枣，十月获稻"；《魏风》有"园有棘，其实之食"；《小雅》有"营营青蝇，止于棘"；《秦风·黄鸟》有"交交黄鸟，止于棘"。棘，指的就是枣树。儒家经典对枣的记述更为详尽，《周礼·天官·笾人》有"馈食之笾，其实枣、卤、桃、榛实。"《仪礼·聘礼》中说，枣、栗还是古代诸侯相互借路相互问候之际，带给掌管朝觐官员的礼物，用两个容量各盛一斗二升、上边有盖的方竹篚，一个装满枣，一个装满栗，一齐献上。《仪礼·既夕礼》上说，在土

山东沾化三百年古枣树

葬前最后一次哭吊的晚上，祭品种要有枣糗、栗脯。《仪礼·特牲馈食礼》和《仪礼·有司》中讲，诸侯及下边的官吏——士，每月初一祭庙，祭品种除有规定的牲畜外，均有枣和栗，而且枣栗由谁摆放，都有讲究。再以后《战国策·燕策一》记载：苏秦游说六国时，对燕文侯说"南有碣石、雁门之饶，北有枣栗之利，民虽不由田作，枣栗之实，足实于民，此所谓天府也。"这说明枣是当时燕国北方的经济命脉，是帝王考虑治国安邦国策的依据之一。对于枣树的栽植培育，《广物博志》有记载："周文王时，有弱枝枣甚美，禁止不令人取，置树苑中。"《齐民要术》的记载更为翔实："常选好味者，留栽之，候枣叶始生而移之""枣性坚强，不宜苗稼"。《尔雅·释木》是我国第一部记录解释枣品种的书，其记录的周代枣的品种已有壶枣、要枣、白枣、酸枣、齐枣、羊枣、大枣、填枣、苦枣、无实枣等十几种。到元代，《打枣谱》中记录定型的枣品种多达 72 种。到清代乾隆时期，《植物名实图考》所记录的枣的品种达到 87 种。

枣树也是我国文学作品中常见的意象之一，它承载着赤子对祖国的深情。在白居易的《杏园中枣树》中，诗人在尽情贬低枣树的外形丑陋之后笔锋一转："东风不择木，吹煦长未已。眼看欲合抱，得尽生生理。"意思是：东风却谁也不嫌弃，不停地吹拂让它生生不息，很快便成了合抱的巨树，它按照自己的天性完成了自己。无论人们鄙视还是嘲弄，枣树都不会枯萎，也不会改变自己的自然之性，它顽强地生长，在沉默和孤寂中壮大，以旺盛的生命力抗击着与它对立的世界。"寄言游春客，乞君一回视。君爱绕指柔，从君怜柳杞。君求悦目艳，不敢争桃李。君若作大车，轮轴材须此"这几句是说，游春的人们，请你们回头看一眼：假如你们喜爱柔顺的媚态，请你们去观赏柳树杞树，假如你们追求悦目娇艳，那么没有什么能比得上桃树李树，如果你们要制作大车，作轮轴的却必须是枣树的树干。诗歌欲扬先抑，用饱蘸深情的笔墨告诉我们：枣树虽平凡鄙陋多刺，其貌不扬，但它木质坚硬，不易弯曲变形，是真正能担负重任的伟材。枣树的这种坚硬不改变天性，顽强地生长，在沉默和孤寂中壮大，以旺盛的生命力抗击不公世界的品格不正像在努力生活、始终不改变志向、不忘故土的努力追梦的人们吗？如果说枣树的木质是坚硬的，就像拼搏的人们一样骨头是坚硬的，那么枣树红红的果实则又可以赋予它另一种深意了。

枣被历代诗人写入诗词歌赋中，咏颂枣树的诗文比比皆是。透过这些诗文，我们就像穿越了时空隧道，能够尽情地领略先前枣乡风光、感受历史沧桑、回味故人先贤和当代人爱枣的情怀。唐代诗人李顾吟咏"四月南风大麦黄，枣花未落桐阴长"，唐代另一著名诗人刘长卿诗云"行过大山过小山，房上地下红一片"，宋代诗人张耒写有"枣径瓜畦经雨凉，白衫乌帽野人装"，清代庆云县令桂山吟

百年枣树园

枣树成熟时

道"正是晴和好时节，枣芽初长麦初肥"，另有诗人也写道"丛林腾赤霞，千家射云红"，当代诗人更是发出赞叹"漫漫秋风夕照中，婆娑一树万珠红"，悠然和谐的田园风光跃然纸上。宋代诗人苏轼任徐州太守时欣然作词《浣溪沙》，"簌簌衣巾落枣花，村南村北响缫车，牛衣古柳卖黄瓜"表达了他对雨后农村新景象的喜悦之情。清代诗人崔旭写道"河上秋林八月天，红珠颗颗压枝圆。长腰健妇提筐去，打枣竿长二十拳"，又有诗人写道"春风已过又秋分，打枣声宣隔陇闻；三两人家十万树，田头屋脊晒云红"，金秋时节小枣丰收的景象如闻其声，如观其景。清代李鲁"添得枣林路欲歧，行人道是旧西溪。红绫车慢梨花水，风暖沙柔陷马蹄"的诗句描写了枣园的旖旎风光。如若将枣树栽植与诗歌文化相结合，定能引得游人驻足观赏，流连忘返。

北京四合院的中央通常有一块不小的空间，老北京人爱在这里种些花草树木增添生活情趣，活跃生活气氛，改善人居环境。他们在这里所种之树多为枣树、槐树和石榴树。这些植物，细究起来并非随意栽种，他们都有着古老的象征意义，寄寓着主人的美好愿望。枣，谐音"早"，婚俗中把枣和栗子放在一起，谐音"早立子"，以祝愿新婚夫妇"早生贵子"。还有新娘拜见公婆，奉献枣子和栗子，枣取"早敬"义，栗取"肃立"义，象征对公婆的敬重孝顺。因此，枣因其独特的象征意义，成为应用较多的庭院树种。

习性特征

枣树耐旱、耐涝性较强，对土壤的适应性强，耐贫瘠、耐盐碱。枣树高度可达 10m，树皮褐色或灰褐色，有长枝。花期 5～7 月，果期 8～9 月。

29 女贞 *Ligustrum lucidum* Ait.

城市概览

　　女贞在长江流域及以南地区栽植普遍，在华北、西北地区城市也有大量栽培，是江苏省盐城市和湖北省襄阳市的市树。

市树底蕴

　　女贞，别名冬青，是常用的观赏树种，枝叶茂密，树形整齐，可于庭院孤植或丛植，以及作行道树等。同时，由于女贞的适应性强，生长快又耐修剪，也用作绿篱来设计使用，在城市绿化中应用极为普遍。

　　关于女贞也有很多动人的传说。相传从前有个善良的姑娘叫贞子，嫁给一个老实的农夫。两人都没了爹娘，同命相怜，十分恩爱地过日子，哪知婚后不到三个月，丈夫便被抓去当兵，任凭贞子哭闹求情，丈夫还是一步三回头地被强行带走了。丈夫一走就是三年，音信全无。贞子一人整日哭泣不已，总盼着丈夫能早日归来。可是有一天，同村一个当兵的逃了回来，带来她丈夫已战死的噩耗。贞子当即昏死过去。乡亲们把她救过来后，她还是一连几天不吃不喝，寻死觅活。最后有个邻家二姐劝慰她，说那捎来的信也许不真，才使她勉强挺过来了，但这一打击使她本来瘦弱的身体更加虚弱，这样过了半年，她最终病倒了。临死前，贞子睁开眼拉着二姐的手说："好姐姐，我没父母没儿女，求你给我办件事。"二姐含泪点头，"我死后，在我坟前栽棵冬青树吧。万一他活着回来，这树就证明我永远不变的心意。"贞子死后，二姐按她的遗言做了，几年后冬青枝繁叶茂。果然有一天，贞子的丈夫回来了。二姐把贞子生前的情形讲了，并带他到坟前，他扑在坟上哭了三天三夜，泪水洒遍了冬青树。此后，他因伤心过度，患上了浑身燥热、头晕目眩的病。说来也怪，或许受了泪水的淋洒，贞子坟前的冬青树不久竟开花了，还结了许多豆粒大的果子。乡亲们都很惊奇这树能开花结果，议论纷

福建建宁县客坊乡的一株高大女贞树

小区绿化

纷，有的说树成仙了，吃了果子人也能成仙；有的说贞子死后成了仙等。贞子的丈夫听了怦然动心："我吃了果子如果成仙，还可以和爱妻见面。"于是摘下果子就吃，可吃了几天，他没成仙，也没见到贞子，病却慢慢好了。就这样，冬青树果子的药性被发现，它能补阴益肝肾，人们纷纷拿种子去栽，并取名为"女贞子"。因此，冬青树的花语就成为永远不变的爱。另外，女贞的果实还具有在整个冬季都不会从树枝上掉下来的特性，当鸟儿没有饲料、饥饿难忍时，冬青树的果实正好可以维持它们的生命。

习性特征

女贞能耐 –10℃ 左右低温，耐水湿，喜温暖湿润气候，喜光耐阴。女贞为深根性树种，须根发达，生长快，萌芽力强，耐修剪，但不耐瘠薄。对土壤要求不严，以沙质壤土或黏质壤土栽培为宜，在红壤、黄壤土中也能生长。女贞树高可达 20m，树皮灰褐色，枝黄褐色、灰色或紫红色，花期 5 ~ 7 月，果期 7 月至翌年 5 月。

30 水杉 *Metasequoia glyptostroboides* **Hu et Cheng**

城市概览

　　水杉在全国许多地区都已引种，尤以东南各省和华中地区城市栽培最多。湖北省武汉市、恩施土家族苗族自治州选定水杉为市树。另外，江苏盐城市大丰区被誉为"水杉之乡"。湖北省恩施土家族苗族自治州利川市被授予"中国水杉之乡"称号。

市树底蕴

　　水杉是一个稀有树种，是世界上珍稀的孑遗植物。远在中生代白垩纪，地球上已出现水杉类植物，并广泛分布于北半球。冰期以后，这类植物几乎全部绝迹。在欧洲、北美洲和东亚，在晚白垩世至上新世的地层中均发现过水杉的化石。水杉素有"活化石"之称，它对于古植物、古气候、古地理和地质学，以及裸子植物系统发育的研究均有重要意义。此外，水杉树形优美，树干高大通直，生长快，是亚热带地区平原绿化的优良树种，也是极好的秋叶观赏树种。

　　在城市绿化中，水杉最适于列植，也可丛植、片植，可用于堤岸、湖滨、池畔、庭院等绿化，

水杉林荫路

水畔水杉　　　　　　　　　　　　　　　　　　　　　　　　　　　　　　　　　水杉林

也可成片栽植营造风景林，并适配常绿地被植物，还可栽于建筑物前或用作行道树。水杉对二氧化硫有一定的抵抗能力，是工矿区绿化的优良树种，对于改善城市生态环境发挥着重要作用。

　　水杉的发现被称为 20 世纪植物学上的最大发现，江苏省盐城市大丰区拥有水杉母树 5740 棵，每年产籽 1000kg 左右，为世界稀有珍品，大丰区也成为国内外公认的"水杉之乡"。另外，位于湖北省利川市谋道镇下街口凤凰山下，有一棵被誉为"天下第一杉"、"水杉王"、"植物活化石"的水杉古树，是世界上年龄最大，胸径最粗的水杉母树，树高 35m，胸径 2.48m，冠幅 22m，迄今树龄已达 600 余年。至今先后已有 80 多个国家和地区的植物学家亲赴利川考察引种，水杉成为我国与世界各国传播友谊的使者。

习性特征

　　水杉喜温暖湿润气候，夏季凉爽，冬季有雪而不严寒，并且产地年平均温度在 13℃，极端最低温 –8℃，极端最高温 24℃左右。适生土壤为酸性山地黄壤、紫色土或冲积土，pH 4.5 ~ 5.5。耐水湿能力强，生长的快慢常受土壤水分的支配，不耐贫瘠和干旱。水杉为高大乔木，树高可达 35m 以上，花期 2 月下旬，球果 11 月成熟。

单位庭院水杉小片林

31 白兰树 *Michelia alba* DC.

城市概览

　　白兰树在我国海南、福建、广东、广西、云南、四川等省区的城市栽植比较普遍，全国共有 2 个城市以白兰树为市树，分别为：广东省的清远市、广西壮族自治区的玉林市。

市树底蕴

　　在我国众多的引进树种中，最为老百姓喜闻乐见的应该首推白兰花。白兰花原产于喜马拉雅山南麓，马来半岛和印度尼西亚爪哇是其分布中心。清代引进我国海南及广东、福建、广西等华南地区，在我国已有近 200 年栽培历史，广州中山纪念堂、湛江市赤坎开心广场、厦门市石室禅院和广西玉林均有树龄百年以上的白兰花古树。目前广泛栽植于南方庭园和街道、长江流域以北及华北，白兰花多用盆或桶栽植。

　　白兰花是著名的香花，与栀子花和茉莉花一起被誉为"香花三绝"和"夏花三白"。它的花朵

广东孙中山纪念堂公园白兰树

白兰花

白兰行道树

洁白如玉，散发着芳香如兰的浓郁，沁人心脾。花开时，玉洁娇滴，清雅宜人，幽香恬淡。虽然它无玫瑰的浓艳，亦缺百合的高贵，更少薰衣草的浪漫，但细小玲珑，极似美女羞涩含笑之态。江南六月，梅雨时节，杭州、苏州、南京、上海和岭南的花城广州等地的街头，经常可以看到花白头发的阿婆挎着小竹篮，湿润的蓝布遮盖着一朵朵铁丝串起的白兰花、栀子花或茉莉花，沿街叫卖，白兰花一元两朵、茉莉花和栀子花两元一束，每束花都被扎得整整齐齐。这些花便是民间老百姓消暑醒脑的最爱，人们买来挂在胸前或佩戴头上。这三种花清香无毒，特别符合夏天人们需要清新醒脑的需求，因此在夏天这三种花也用来制作香包。

　　白兰树的生长环境也体现了住宅的风水环境。白兰花喜温暖、湿润，宜通风良好，有充分日照，怕寒冷，忌潮湿，既不喜荫蔽，又不耐日灼，这样的要求也是人们判断一个家居环境是否舒适的标准，如果哪家的白兰花生长得好，就足以证明这些环境条件都已具备，这些条件正是判断一个房子风水好与坏的标准。

习性特征

　　白兰树原产于印度尼西亚爪哇，现广植于我国南亚热带和热带地区，长江流域各省区多盆栽，在温室越冬。白兰树高达 17～20m，盆栽通常高 3～4m，也有小型植株。花白色，有浓香，花期长，6～10 月开花不断，夏季最盛；如冬季温度适宜，会有花持续不断开放，极香。通常不结实。

32 椰子树 *Cocos nucifera* L.

城市概览

椰子树仅在我国热带地区城市和亚热带南缘地带城市栽植，海南省的海口市和三亚市均以椰子树为市树。

市树底蕴

椰子树是棕榈科椰子属的一种大型植物，树干笔直，为热带喜光作物，我国海南省已有 2000 多年的种植历史。我国椰子树主要分布在海南岛全境，面积和产量约占全国的 80%。同时，椰子树也成为海南省的代表树、形象树，海南气候环境独特，雨水光热充沛，孕育了椰子树良好生长的土壤。椰子树出众的内涵外形、绚烂的枝干花果，书写着海南的精彩气质风貌。神采飞扬、色彩斑斓的椰子树便成了海南岛的形象代言，既展现着热带海岛的万种风情，又蕴含着海南人内在的精神品格。

除我国外，椰子树还出现在 1976 年启用的卡塔尔国家的国徽上，两把阿拉伯弯刀象征捍卫祖国

广东深圳香蜜公园椰林大道

椰子树干

椰子果实

的独立和自由。白色帆船象征不断发展的海上贸易和渔业生产；两棵椰子树象征丰富的自然资源；环绕着绘有国旗图案的圆形饰带上是阿拉伯文国名"卡塔尔国"。

椰子树的历史传说具有非常传奇的色彩。椰子树在汉代以前称"越王头"（越人是古代黎族的先民）。传说，一次黎王因为打了胜仗，在寨子里庆祝胜利，疏于戒备，晚宴时被奸细暗杀，并将其头颅悬挂在旗杆上通知敌人前来攻寨。敌人攻寨时万箭齐发射向城墙守军，箭却纷纷落在旗杆上。旗杆渐渐长粗、长高，变成椰树，箭也变成椰叶，黎王的头颅变成椰果，敌人看到此景吓坏了胆，不战而退，椰子树也就成了黎族人民的象征。剥开椰子树外边的椰棕，你会看到椰壳上有三个黝黑的眼，那便是黎王怒目而视的眼睛和嘴。

椰子树不仅代表着黎族人民英勇抗敌、顽强拼搏的精神，还代表着坚贞不渝的爱情。相传古代有位漂亮聪明的黎族姑娘阿梅，她和丈夫恩爱和睦。可是心狠手辣的头人为了抢占阿梅为妻，杀死了她的丈夫。阿梅的丈夫死后，身躯变成高大的椰子树，头发变成了椰子树叶。另外还有一对恩爱的年轻夫妻，有一天，男的出海捕鱼，女的送饭到海边，她伫立海边，翘首眺望大海的归帆，可是她的丈夫没有回来，等啊等啊，最终她变成了一棵亭亭玉立的椰子树。传说中的主人公都因不愿离开自己的爱人，化身椰子树希望能够陪在爱人身边，浪漫而又凄美。

习性特征

椰子树为热带喜光作物，在高温、多雨、阳光充足和海风吹拂的条件下生长发育良好。适宜在低海拔地区生长，我国海南岛在海拔 150 ～ 200m 的地方才能生长发育良好。土壤 pH 为 5.2 ～ 8.3，但以 7.0 最为适宜。椰子树树干高 15 ～ 30m，树干笔直，叶羽状全裂，坚果倒卵形或近球形，外壳厚且富含纤维，内果皮硬，内充满胚乳（由椰肉和椰汁组成）。花果期主要在秋季。

33 绒毛白蜡 *Fraxinus velutina* Torr.

城市概览

　　绒毛白蜡在我国华北地区城市引种最多，近些年，东北、西北地区城市也陆续引种栽培。天津市选定绒毛白蜡为市树。

市树底蕴

　　绒毛白蜡原产于北美洲，20世纪初由加拿大引入我国济南市，后被我国其他城市引种。绒毛白蜡枝繁叶茂，根系发达，适应性强，特别耐盐碱，抗污染，少病虫害，抗风，是优良的景观绿化树种，可作"四旁"绿化、农田防护林、行道树、庭院绿化，也可供沙荒、盐碱地造林，还是沿海城市绿化的优良树种。特别在干旱、少雨、较寒冷或地下水位高的涝洼地、重工业区及盐碱含量较重的地区，绒毛白蜡是城镇绿化和生态防护的首选树种。

　　近年来，绒毛白蜡受到了越来越多城市的欢迎，作为外来树种被广泛引种。一是因为绒毛白蜡本身是很有底蕴的品种，无论从树形上讲，还是从性状来讲，绒毛白蜡是当之无愧的上等行道树种，其发展潜力巨大；二是因为绒毛白蜡在我国适生范围广，具有广阔的应用前景；三是绒毛白蜡材质优良，可和东北产的水曲柳木材相媲美，也是荒山造林的优良绿化树种和重要的珍贵用材树种。

习性特征

　　绒毛白蜡原产于美国得克萨斯、新墨西哥，直至加利福尼亚等美国西南各州，分布于海拔600～2000m的峡谷地区。绒毛白蜡为高大落叶乔木，喜光，对气候、土壤要求不严，耐寒，耐干旱，耐水湿，耐盐碱。先花后叶。4月中旬开花，5月结果，11月中旬成熟。

秋染白蜡

优良的行道树种

34 小叶杨 *Populus simonii* **Carr.**

城市概览

小叶杨是我国北方地区城市的重要绿化树种,在东北、华北、华中、西北地区各省区均有大量栽植。目前山西省朔州市选定小叶杨为市树。

市树底蕴

小叶杨树形美观,叶片秀丽,生长速度快,适应性强,在园林绿化中,常作水湿地带四旁的绿化树种。另外,小叶杨还是良好的防风固沙、保持水土、固堤护岸的树种。在城郊处,常将小叶杨作为行道树种和防护林树种。但是其寿命较短,一般30年即转入衰老阶段。

小叶杨适应性强,对气候和土壤要求不严,耐旱,抗寒,耐瘠薄或弱碱性土壤,在砂、荒和黄土沟谷也能生长,但在湿润、肥沃土壤的河岸、山沟和平原上生长最好。山沟、河边、阶地、梁峁上都有分布,但在长期积水的低洼地上不能生长。在干旱瘠薄、沙荒茅草地上常形成"小老树"。

小叶杨在历史上有过许多传奇的故事和神秘的色彩。在许多地方,小叶杨古老的大树成为当地百姓敬仰的"神树",也成为男女表白真心爱情和朋友约定山盟海誓的见证树,被长期保护。小叶杨所表达出来的吃苦耐劳、无私奉献的精神,也成为各个城市绿化首选树种的原因之一。

习性特征

小叶杨为我国原产树种,以黄河中下游地区分布最为集中,河南、陕西、山东、甘肃、山西、河北、辽宁等省分布最多。小叶杨喜光,不耐庇荫,耐旱,抗寒,耐瘠薄或弱碱性土壤,根系发达,固土抗风能力强。小叶杨高达20m,树冠近圆形,蒴果小,无毛。花期3~5月,果期4~6月。

北京世园会中的小叶杨行道树

35 白皮松 *Pinus bungeana Zucc.*

城市概览

　　白皮松在我国应用较广，华北、西北地区最为集中，东北、西南、华中、华东地区城市均有栽植。陕西省宝鸡市选定白皮松为市树。

市树底蕴

　　白皮松树姿优美，四季常青，且适应范围广泛，是良好的绿化树种。其树皮奇特，干皮斑驳美观，针叶短粗亮丽，是我国传统园林绿化中的常用树种。在我国传统园林中，常将白皮松种植于庭院中堂前及亭侧，使苍松奇峰相映成趣，形成一幅颇为壮观的美景图。

　　古树名木是有生命力的"活文物"，不仅是园林绿化的重要景观元素，还是一个重要的文化载体，具有深厚的文化内涵和旅游观赏价值。白皮松有着丰富的文化底蕴和脉络，通过对白皮松植物文化考证的梳理，可知白皮松的植物文化发源于唐代至宋代，其阅赏选择已经基本完成。明清时期，白皮松的植物文化开始形成，突出表现在药用、阅赏和崇拜三方面，形成的文化成果有诗文、古树、纪念性建筑、园林等。清中期，白皮松开始被科学命名，并被引种到世界各地。20世纪70年代以后，其植物文化向药食选择、科学研究等方面纵深发展，成为重大国事活动的纪念树。

习性特征

　　白皮松是我国特有树种，原产于山西（吕梁山、中条山、太行山）、河南西部、陕西秦岭、甘肃南部及天水麦积山、四川北部江油观雾山及湖北西部等地。白皮松喜光，耐瘠薄土壤及较干冷的气候，在气候温凉、土层深厚、肥润的钙质土和黄土上生长良好，在高温、高湿的条件下生长不良，在排水不良或积水的地方不能生长。白皮松对二氧化硫及烟尘的污染有较强的抗性，生长较缓慢。白皮松树高可达30m，枝较细长，斜展，形成宽塔形至伞形树冠。花期4～5月，球果翌年10～11月成熟。

北京法海寺古白皮松　　　　　　　　　　　　　　　　　　　　　　　　　　　　　白皮松

36 苹果树 *Malus pumila* Mill.

城市概览

　　苹果树集中分布在我国温带地区城市，延安市选定苹果树为市树。同时，山东省栖霞市、河南省灵宝市、陕西省淳化县、陕西省旬邑县、河北省青龙满族自治县、陕西省白水县等众多城镇也被誉为"中国苹果之乡"。

市树底蕴

　　苹果树是我国主要的经济树种之一。我国也是世界上最大的苹果生产国和消费国，在世界苹果产业中占有重要地位。其中不得不说的是延安的苹果，延安地区土层深厚，海拔 800 ～ 1100m，光照充足，昼夜温差大，有利于果实积累糖分，是苹果的最佳适生带。所产苹果个大、色艳、细脆、香甜、耐贮运、无污染，品种近 70 个，其中大部分为富士、新红星、元帅等优良品种。延安全市苹果种植面积 140 万亩，年产量约 10 亿 kg，尤以洛川县的苹果为佳，被列为中国苹果外销的重要生产基地之一。洛川县所产苹果，于 1974 年在全国 237 个参评样品中质压群芳，4 项理化指标和总分均超过美国王牌水果——蛇果，荣获全国第一，曾被第 11 届亚运会指定为专用水果，1999 年澳门回归时又被定为庆典礼宾专用苹果，蜚声海内外。所以延安也将苹果作为市树，同时结合苹果的经济效益，为该市带来了良好的发展前景。

苹果成熟时

陕北标准化苹果园

　　苹果具有极高的营养成分，其营养成分可溶性大，易被人体吸收，故有"活水"之称。有研究表明，在空气污染比较严重时，多吃苹果可改善呼吸系统和肺功能，保护肺部免受空气中灰尘和烟尘的影响。不仅如此，苹果树也成为现代庭院种植的常用树种，其树姿、花朵及果实都有极好的景观效果。

　　说到苹果，可能我们还会马上想到著名的物理学家——牛顿。正是因为一个苹果从树上落到他的脚边，让他解开了困扰他很久的谜团，苹果也就和牛顿产生了千丝万缕的联系。另外，道教把苹果视为仙果，苹果也是北欧神话中的青春之果，是希腊神话中的爱情之果。

习性特征

　　苹果树原产于土耳其东部，我国辽宁、河北、山西、山东、陕西、甘肃、四川、云南、西藏常见栽培。适生于山坡梯田、平原矿野及黄土丘陵等处，海拔 50 ～ 2500m。苹果树喜低温干燥，要求冬无严寒、夏无酷暑，最适合生长在 pH 6.5、排水良好的土壤中。现代生产栽培的苹果树树高普遍被矮化，苹果树高可达 10m 以上，多具有圆形树冠和短主干。花期 5 月，果期 7 ～ 10 月。

37 七叶树 *Aesculus chinensis* Bunge

城市概览

七叶树在我国黄河流域及东部省区城市均有栽培，陕西省杨凌示范区以七叶树为市树。

市树底蕴

七叶树常被说成菩提树，也有人称其为"北方菩提树"，其实它与正宗的菩提树（菩提榕）相差甚远。关于七叶树名称的争议由来已久，通常所说的佛门圣树有4种：一是佛祖诞生处的树，名无忧树；二是佛祖成佛处的树，名菩提树；三是佛祖讲经说法和各弟子第一次结集处的树，名七叶树；四是佛祖涅槃处的树，名娑罗树。

在我国，七叶树与佛教文化有着很深的渊源，是佛门的一种标志，七叶树寿命较长，可达千年以上，有风水神树之美誉，常被佛教界植于寺院作为镇寺之宝树。关于七叶树与佛教的种种不解之缘，亦是众说纷纭，引人遐想。在北京凡是有七叶树的寺庙，几乎都在七叶树下的说明牌上写着"娑罗树"或者"七叶树又名娑罗树"。有的报刊和网上也常发表文章，将七叶树和娑罗树混为一谈。其实这是错误的，七叶树和娑罗树是完全不同的两种树，七叶树不是娑罗树。七叶树是七叶树科、七叶树属，落叶乔木，掌状复叶，一般七片。而娑罗树是龙脑香科，娑罗双属，常绿大乔木，单叶较大，矩椭圆形。《江宁府志》谓："今高座诸寺有娑罗树，干直而多叶，叶必七数，一曰七叶树……花色白，结实如粟。"又《海昌丛载》谓海宁安国寺"有娑罗二株……皮干黝黑坚致，枝叶茂密，叶多七片。"其描写的正是七叶树的特征。七叶树是我国的庭院树，属于七叶树科的落叶乔木，可见与娑罗树完全不同。七叶树树形优美，冠大荫浓，初夏繁花满树，果形奇特，叶片夏绿秋红、别具一格，是叶、花、果兼

冠大荫浓的七叶树　　　　　　　　　　　　　　　　　　　　　　　　　　　**七叶树开花**

七叶树与佛寺

赏的好树种，是优良的行道树和园林观赏植物，以及世界著名的观赏树种之一。不仅如此，七叶树还具有较强的滞尘、隔音、吸收有害气体的能力，并且可以防沙固土、减少水土流失，同时富集土壤养分，改良土壤结构，促进土壤养分的良性循环。在绿化美化城市环境的同时，亦能明显改善市区的生态环境，提高城市的消灾和抗灾性能。

七叶树以其特有的自身条件和丰富的佛教文化底蕴，为寺庙等特殊场所渲染了神圣庄严的氛围。其栽植在寺庙园林主要殿堂四周，与松、柏、银杏等姿态挺拔、虬枝古干、叶茂荫浓的树种一起构成寺庙园林的基调树种，一方面烘托了宗教的肃穆幽玄，另一方面也在客观上丰富了建筑物的立面效果。在我国的许多古刹名寺都有栽培，如北京卧佛寺、大觉寺都有千年以上的七叶树。

习性特征

七叶树原产于我国北部和西北部，黄河流域一带较多。七叶树为深根性树种，喜光，稍耐阴，怕烈日照射。喜冬季温和、夏季凉爽的湿润气候，但能耐寒，喜肥沃湿润及排水良好之土壤。适生能力较弱，在瘠薄及积水地上生长不良，酷暑烈日下易遭日灼危害。七叶树高可达25m，树皮深褐色或灰褐色，掌状复叶，花期4～5月，果期10月。

38 大叶榆 *Ulmus laevis* **Pall.**

城市概览

大叶榆在我国东北、华北、西北地区城市均有栽种，乌鲁木齐选其为市树。

市树底蕴

大叶榆是城市绿化的优良树种，其树干通直，枝叶茂密，树冠圆满优美，适应性强，生长快，抗病虫能力较强，兼具观赏及防护双重功能，广泛应用于行道树和庭院绿化。同时，其材质坚重，硬度中等，易加工，可塑性高，机械性能良好，还可用于建筑、车辆制造、家具生产等。另外，其翅果含油，枝、叶、树皮中含单宁，可提取入药和作工业原料。

习性特征

大叶榆原产于欧洲，在我国长江以北地区均有引种栽培，在新疆生长特别好。大叶榆喜光，喜生于土壤深厚、湿润、肥沃、疏松的沙壤土或壤土中，为深根性树种，生长迅速，寿命长。大叶榆高可达 30m，树皮淡褐灰色，叶倒卵状宽椭圆形或椭圆形，花果期 4～5 月。

大叶榆

大叶榆

39 天山云杉 *Picea schrenkiana* Fisch. et Mey.

城市概览

　　天山云杉主要分布在我国天山北坡、天山南坡和昆仑山西部北坡地区，伊犁哈萨克自治州选其为市树。

市树底蕴

　　天山云杉一般是指雪岭杉，是我国新疆地区山地森林中分布最广、蓄积量最大的森林生态树种。对天山云杉的记忆可以上溯到《山海经》。书中说，敦薨之山（指天山南坡中段），其上多棕楠，其下多茈草。历史地理学家认为，这里所说的"棕楠"是包括云杉在内的天山原始森林。对云杉最早、最可信的记载是《汉书·西域传下·乌孙国》所述：[乌孙国] "山多松、櫄"。其中松就是雪岭杉，櫄指的是西伯利亚落叶松。

　　李白诗云："明月出天山，苍茫云海间"。时隔 1000 年后，诗人洪亮吉写下这样的句子："日月何处栖，总挂青松巅"，似乎是对李白的呼应和回答。这里的青松就是天山云杉。顾名思义，天山云杉是广泛分布于天山山区的树种，主要分布在天山海拔 1500 ～ 2800m 的中山阴坡带，在塔尔巴哈台山和西昆仑山北坡也有分布。清代萧雄在《西疆杂述诗》写道："天山以岭脊分，南面寸草不生，北面山顶，则遍生松树。余从巴里坤沿山之阴，西抵伊犁三千余里，所见皆是。"云杉沿天山阴坡一直分布到中亚的哈萨克斯坦、吉尔吉斯斯坦、乌兹别克斯坦等国家。

　　可以说，天山延伸到哪里，天山云杉就伴随到哪里，它与天山休戚与共。从山地植被垂直带谱来看，雪岭杉分布在天山的腰部以上。其上方是亚高山灌丛、高寒草甸、高山冻原和冰雪带，其下方则是山地针阔叶混交林、草甸草原、真草原和荒漠草原。天山云杉是贴在天山胸口和心窝的树，也是富有某

新疆伊犁那拉提山天山云杉草原

新疆喀拉峻草原天山云杉

种形而上学色彩的树。天山云杉是迁徙的树，它已有 4000 万年的历史，其远祖可能是青海云杉和西藏云杉。在渐新世迁徙到天山和昆仑山，分布在山区上部。到 1200 万年前的上新世，由于造山运动，退居到山区平原。第四纪冰川期后，因气候回升和旱化，又迁徙到湿润的山体阴坡。

习性特征

天山云杉在我国仅见于新疆，为新疆天山地区的主要森林及用材树种，对天山的水源涵养、水土保持发挥着不可或缺的重要作用。向西至西天山，向东达巴里坤山海拔 1200～3000m 地带，天山北坡及伊犁谷地与天山南坡及西昆仑山、小帕米尔山地均有分布。对水分要求较高，多生长在气候湿润的阴坡、半阴坡河谷、山谷和坡地上，是一种抗旱性不太强的树种。天山云杉树高可达 45m，球果 9～10 月成熟。

40 南果梨 *Pyrus ussuriensis* Maxim.

城市概览

在我国"三北"地区均可栽植，集中分布在辽宁省城市。鞍山市是南果梨最集中的产区，并选定南果梨为市树，所以南果梨还有另外一个称呼——鞍果。

市树底蕴

南果梨是辽南地区主要的经济树种，南果梨产量较高，属华夏果中之桂冠。该梨以其色泽鲜艳、果肉细腻、爽口多汁、风味香浓而深受国内外友人赞誉，素有"梨中之王"美誉，是不可多得的稀有梨种，在城乡绿化美化和农村经济发展中作用显著。

南果梨还是世界梨果中的珍稀品种，在《我国果树志 第三卷 梨》介绍的梨果中，南果梨名列首位。在全国 517 个梨种的品质评定上，南果梨以其独特的香气被中国农业科学院果树研究所评为品质极上的四个梨种之一。南果梨主要产于鞍山，自发现祖树迄今已有 100 多年历史，经过近百年人工嫁接和繁衍，南果梨已经成为鞍山地区的特有产品。以 1986 年相关部门权威认定千山区大孤山镇对桩石村的一株野生南果梨为祖树标志，鞍山南果梨文化开发开始起步。2006 年，南果梨入选成为"国家地

南果梨花盛开

南果梨果实

理标志产品"，2003 年其栽培系统被列为首批中国农业重要文化遗产。

关于南果梨，有着许多美丽的传说：据碑文记载，清光绪二十年仲秋某日，村里老人高永庆行至北坡，突感奇香扑鼻，老人寻觅至一棵碗口粗的梨树下，只见黄里透红的落果满地。老人捡起地上的一枚果实品尝，顿感清香沁入心肺，回味无穷。为弄清该梨的由来，高永庆托女婿把梨带到辽阳，让那里南来北往的梨客辨认，梨客对该梨的味道赞不绝口，赞誉此果味具南方诸果之长，遂给此果定名为南果，这便是今时南果梨名称的由来。

习性特征

南果梨树的树体健壮，适于冷凉地区栽植，具有较强的抗风、抗旱、抗病、抗虫能力，特别是抗寒能力，在 –35℃的寒冷情况下不受冻害。南果梨不仅抗逆性较强，而且适应性较广。成年树树皮呈灰褐色，花期 4 月下旬至 5 月上旬，落果期 5 月中旬至 6 月上旬。

41 桧柏 *Sabina chinensis* (L.) Ant.

城市概览

桧柏分布甚广，在我国大多数城市均有栽植，辽宁省锦州市选其为市树。

市树底蕴

桧柏四季常青，是我国自古以来喜用的园林树种之一，更是庭院中不可缺少的观赏树种之一，且可植于建筑北侧阴处。桧柏树形优美，青年期呈整齐之圆锥形，老树则干枝扭曲，奇姿古态，堪为独景。桧柏常作为盆景使用，其树干扭曲，势若游龙，枝叶成簇，叶如翠盖，气势雄奇，姿态古雅如画，最耐观赏。我国自古以来多将桧柏配植于庙宇陵墓处，作墓道树或柏林使用。

古老的桧柏苍劲有力，蕴含着独特的文化底蕴。在苏州冯异祠有4株古桧柏，由于姿态奇古，而分别得"清""奇""古""怪"之名。在泰山保存有许多百年以上的古桧柏。在泰山盘道的起点，关帝庙内有一株岁过500余载的桧柏。蜿蜒虬曲，老干巍巍，新枝袅袅，构成冠幅东西13.3m、南北16.1m。常年披青顶翠，树势优健，清代末年有人在树旁立石碑，碑额横镌"汉柏第一"四个大字。另外，

北京天坛公园桧柏林

山东岱庙"古柏老桧"

在岱庙后花园还生长着一株奇特的古桧柏，也有 500 余年的树龄，其生命力极强。虽然自树干基部劈裂，至 4m 处树体又合抱在一起，苍劲盎然。树冠层叠有序，远看状如云闭，近看恰似三层翠云，故得誉名："云列三台"。

另外，桧柏常与侧柏搭配栽植。在泰山有一棵最古老的桧柏，位于海拔 145m 的岱庙院内，虽然老龄童秃，但仍古趣盎然。它与一株古侧柏同栽一池，被誉名为"古柏老桧"。但由于古柏在它的南侧生长，为了多得阳光，老桧的树冠向外倾斜，旁逸西侧，树高 3.2m，胸围 4.9m，冠幅东西 10.5m、南北 9m。虽然"古柏老桧"历尽沧桑，但仍嫩枝簇叶，浓密苍绿，年年开花结籽。不仅如此，在岱庙宋天贶殿前同样有两株古柏，左为侧柏，右为桧柏。相传皇太后慈禧来泰山时，封左为"龙生"，右为"凤落"。其中"凤落"倍受太后宠爱，延年至今已有 500 个春秋。而"龙"字代表了男性，受其冷落而早年死去。"凤落"树高 5.6m，胸围 1.8m，树冠东西 16m、南北 13m，巨枝粗壮盘亘，葱茏伟丽，垂荫森郁。

习性特征

桧柏产于内蒙古乌拉山、河北、山西、山东、江苏、浙江、福建、安徽、江西、河南、陕西南部、甘肃南部、四川、湖北西部、湖南、贵州、广东、广西北部及云南等地，西藏也有栽培。桧柏生于中性土、钙质土及微酸性土中，各地亦多栽培，为喜光树种，喜温凉、温暖气候及湿润土壤。在华北及长江下游海拔 500m 以下、中上游海拔 1000m 以下排水良好之山地可选用造林。桧柏高达 20m，胸径可达 3.5m。

42 杏树 *Armeniaca vulgaris* Lam.

城市概览

杏树在我国各地均有栽培，尤以华北、西北和华东地区城市种植较多。辽宁省抚顺市选定杏树为市树。另外，河北省怀来县和平泉市被誉为"我国杏树之乡"。

市树底蕴

杏树是低山丘陵地区的主要栽培果树，其果实酸甜可口，果肉多汁，营养丰富；其花型优美，花瓣还可酿酒，酒香甘甜，名传四海。杏树先花后叶，也常与苍松、翠柏配植于池旁湖畔或植于山石崖边、庭院堂前，极具观赏性。

杏花之美，为人所称赞。正如谢枋得《荆棘中杏花》所谓"杏花看红不看白"，先是饱蕾未放时之蓄红，称"红蜡半含萼"，夸张一些，就是"蓓蕾枝梢血点乾"，很有待放的张力。然后初放时，刚一绽放就变浅而呈淡粉色，但粉薄红轻掩敛羞，含蕊中仍保护着胭脂色，这就是"似嫌风日紧，护此燕脂点"。而杏花雨嫩，花开一定会伴随着春雨，所谓"杏花消息雨声中"，雨细才杏花香。刚开始它是暗香，在雨中，疏离之花，含蕊渐渐舒展变成胭脂泪，暗香越显清高。再然后，雨过天晴，晴空日熏，花色残白，盈盈当雪杏，其实已再无含蓄了。此时团枝雪繁，香气不再暗，已密聚为绯香；而残芳烂漫，已无风恐自零落。再之后，便是风吹狼藉，半落春风半在枝了。

杏花因春而发，春尽而逝，既有绚丽灿烂的无限风光，又有凋零空寂的凄楚悲怆，不同的诗人因不同的人生际遇，对杏花的联想感慨也千姿百态：有人在羁旅漂泊中感受到杏花盛开的热烈温馨，有人在惆怅莫名中发现杏花绽放的朦胧灰暗，有人在历尽坎坷后感叹杏花飘飞的落寞凄凉，也有人在相思离别时哀怨杏花凋谢的苍凉无情。民间流传着许多关于杏花的传说，有些地方流传的是燧人氏，

河北石家庄棋盘山 300 年杏树王　　　　　　　　　　　　　　　　　　　　　　**杏树行道树**

他教人取枣杏之火煮食，还有的地方以四大美女之一杨玉环为杏花花神。安禄山之乱平息后，唐玄宗想移葬杨贵妃，看见马嵬坡下有一林杏花，因此，后人称杨玉环为杏花花神。

习性特征

杏树为阳性树种，适应性强，深根性，喜光，耐旱，抗寒，抗风，寿命可达百年以上，为低山丘陵地带的主要栽培果树。杏树高 5 ～ 12m，花期 3 ～ 4 月，果期 6 ～ 7 月。

43 长白赤松 *Pinus sylvestris* L. var. *sylvestriformis* (Takenouchi) Cheng et C. D. Chu

城市概览

长白赤松是长白山区特有的珍稀树种，延边朝鲜族自治州以其为市树。

市树底蕴

长白赤松只生长在长白山火山灰形成的土壤中，属于国家三类保护植物，被称为"美人松"，其学名为长白松，是欧洲赤松的变种。长白赤松分布范围十分狭窄，也因此变得十分珍贵。

长白赤松树干笔直挺拔，树皮斑驳呈耀眼的金黄色，枝条横展，针叶浓绿，婀娜多姿，犹如美丽的少女，是松属树木中比较理想的造林树种之一，具有很多优良特征，堪称大自然的一个奇迹。它不仅有婆娑多姿、风姿绰约的外形，还有搏风傲雪、不惧严寒的勇气。越是冰天雪地的严冬，它们越是青翠欲滴。有人写诗赞曰："秀色西施妒，高洁傲苍穹。老去更婀娜，谁人解怜侬？"

现存最高的长白赤松达 32m，树龄最大的已有 400 多年。长白赤松除长白山国家级自然保护区内有一片外，还在二道镇和白河林业局有小面积集中分布，现有面积为 112hm^2。如今，已对二道镇和白河林业局交界处的长白赤松进行改造保护，那里被开辟为一个美人松公园，成为一座赏心悦目的我国唯一的主题森林公园，也是全球最大的"美人松群"，其景色优美、壮观，是游玩赏景的绝佳去处。

台湾太鲁阁公园长白赤松

亭亭玉立美人松

高耸挺拔的长白赤松

美人松林

雪后松林

习性特征

　　长白赤松生长于长白山北坡海拔 800 ～ 1600m 处，在海拔 1600m 的林中则与红松、长白鱼鳞云杉等混生。长白赤松生长速度很快，而且很少有病虫害乔木，高 20 ～ 30m，胸径可达 1m。

44　龙柏 *Sabina chinensis* (L.) Ant.'Kaizuca'

城市概览

龙柏在我国栽植较广，在华北地区、华东地区城市栽植最多。大连市选定龙柏为市树。

市树底蕴

龙柏之所以得此名，是因为其枝条长大时会呈螺旋伸展，向上盘曲，好像盘龙姿态。其树形优美，枝叶碧绿青翠，是公园篱笆绿化的首选苗木，多被种植于庭园作美化用途。龙柏移栽成活率高，恢复速度快，是园林绿化中使用最多的灌木，其本身清脆油亮，生长健康旺盛，观赏价值极高。

从古至今，龙柏便与"家"有着别样的联系，传说在先民周部族的首领公刘率领部落到达豳地时，发现这里流水清澈，水草肥美，树木青森有奇香，遂定居在此，从此华夏民族结束了游牧生涯，开始了农牧文化的建树。那青森有奇香的树木，就是龙柏。从此龙柏也就成了家乡的象征。至此之后，在《诗经》中，也以"柏舟"来比喻安定。最早的乐府诗歌——《古诗十九首》，开卷便是"青青陵上柏"，可以看出汉朝以前的先民，把柏树看作心魂的家园。

习性特征

龙柏高达 20m，胸径达 3.5m。喜温暖、湿润环境，抗寒，适生于干燥、肥沃、深厚的土壤，对土壤酸碱度的适应性强，较耐盐碱。龙柏产于我国内蒙古乌拉山、河北、山西、山东、江苏、浙江、福建、安徽、江西、河南、陕西南部、甘肃南部、四川、湖北西部、湖南、贵州、广东、广西北部及云南等地，全国各地亦多栽培。

龙柏

45 木瓜树 *Chaenomeles sinensis* (Thouin) Koehne

城市概览

　　木瓜树在我国东部及中部、南部常有栽植。木瓜树被誉为山东省菏泽市的四大特产之一，是菏泽市的市树。

市树底蕴

　　我国南北方均有木瓜树的种植，但并不是同一种植物，南方木瓜主要为水果木瓜，北方木瓜主要作药材使用，菏泽市的市树便为北方木瓜。

　　木瓜树在菏泽市的栽植历史悠久，且栽植广泛，在当地具有一定的文化价值。据《菏泽县志》记载，曹州木瓜小规模栽培始于明朝中期，距今已有 500 余年历史，且品种繁多，品质优良，明朝时就已经驰名中外。《山东果树志》也记载：曹州木瓜栽培最早的木瓜园在菏泽市的赵楼、洪庙、王李庄、何楼、邓庄、张集、于洼和沙土、胡集、黄堽等乡镇的部分乡村。

　　木瓜树树姿优美，花簇集中，树枝苍劲，观赏性极高。在一年中多次开花，且花色多变，艳丽动人。花谢结果，果皮金黄，光洁滑美，气味芳香，数月不散，是名贵的中药材。木瓜树也是非常好的绿化树种，一年四季均可观赏，暮春时节先叶而花，夏季观叶，秋可赏果，冬可观形，近几年来广泛栽植于城市的街道、公园、广场和庭院。木瓜树还可作为盆景在庭院或园林中栽培，具有良好的造景功能，被称为盆景中的十八学士之一。另外，木瓜的药用价值高，并被广泛利用，目前菏泽市已研究出木瓜

北方地区的木瓜树果实

南方木瓜树

山东烟台牟平区昆嵛山木瓜古树

酒、木瓜茶及木瓜饮料等木瓜系列产品。

先秦时期的《诗经·木瓜》是现今传诵最广的《诗经》名篇之一，其中的名句"投我以木瓜，报之以琼琚。匪报也，永以为好也！"一直流传至今。木瓜的美也被各位诗人赞颂，宋代陆游赞其曰："为爱名花抵死狂，只愁风日损红芳。绿章夜奏通明殿，乞借春阴护海棠。"范成大诗云："秋风魏瓠实，春雨燕脂花。彩笔不可写，滴露匀朝霞。"可见木瓜的观赏价值早已有所体现。另外，历史上用木瓜养生保健者甚多，关于木瓜的药用价值的故事也多有记载。宋代许叔徽《普济本事方》记载：安徽广德顾安中患脚气水肿，乘船回家，无意中将两脚放在木瓜袋上，下船时脚气水肿愈。问袋装何物，曰木瓜。顾回家买木瓜入袋治脚，痊愈，不复发。《清异录》记载：一人叫段文昌，用木瓜树制成脚盆，盛水洗脚，以健脚膝有效。故段便用他的全部财产用于养生保健，以求长寿。

习性特征

木瓜树为灌木或小乔木，叶片多椭圆卵形或椭圆长圆形，花单生，花梗短粗，萼筒钟状外面无毛，花瓣倒卵形，淡粉红色，味芳香，果梗短。喜光照充足，耐旱，耐寒，可适应任何土壤栽培。主要分布在江苏、河南、山东、安徽、浙江、河北、江西等地。花期4月，果期9～10月。

46 刺槐 *Robinia pseudoacacia* L.

城市概览

刺槐又名洋槐，原生于北美洲，被引种到我国后便广泛栽植于各个城市中。刺槐为安徽省阜阳市的市树。

市树底蕴

在民间，刺槐最为人所熟知的名字是洋槐，因为它不是我国本土树种，而是舶来的树种，其原产于北美洲，17世纪引种到欧洲，公元1877年后引入我国，早在清代乾隆十三年（1748年）的《涿县志》《高阳县志》《怀安县志》中就有引进刺槐的初步记载。在清光绪三年至四年（1877—1878年），清政府驻日本副使张斯桂从日本将刺槐种子带回南京，并试种成功。新中国成立以后，刺槐更是大量推广栽培。1952年用于沿海海堤、道路、四旁植树和沙荒造林，在我国生长良好。

虽然刺槐不是我国的乡土树种，但它给了人们最为真切的乡土情感，深深地融入人们的生活中。冬季落叶后，刺槐枝条疏朗向上，造型像极了剪影，有着浓郁的国画韵味。春末，采摘刺槐花是扬州乃至全国很多地方常见的现象。更为人们熟知的非槐花蜜莫属，刺槐花产的蜂蜜很甜，蜂蜜产量也高，更是有着良好的保健功能，受到了人们的喜爱。

刺槐树冠高大，叶色鲜绿，每当开花季节绿白相映，素雅而芳香，在城市中常作行道树及庭荫树使用。其根系浅而发达，易风倒，但适应性强，为优良的固沙保土树种。另外，刺槐对二氧化硫、氯气、光化学烟雾等的抗性较强，同时兼具较强的吸收铅蒸气的能力，是工矿区绿化及荒山荒地绿化的先锋树种。

刺槐行道树

古刺槐

习性特征

刺槐为落叶乔木，高10～25m；羽状复叶，花多数，芳香；花冠白色，荚果褐色，种子褐色至黑褐色，近肾形。花期4～6月，果期8～9月。刺槐是温带树种，喜光，不耐阴，抗风性差，对水分条件很敏感，有一定的抗旱能力。喜土层深厚、肥沃、疏松、湿润的壤土、沙质壤土、沙土或黏壤土，在中性土、酸性土、含盐量在0.3%以下的盐碱性土上都可以正常生长。在黄河流域、淮河流域多集中连片栽植，生长旺盛。在华北平原，垂直分布在400～1200m。甘肃、青海、内蒙古、新疆、山西、陕西、河北、河南、山东等省区均有栽培。

47 琅玡榆 *Ulmus chenmoui* Cheng

城市概览

琅玡榆仅分布于我国滁州市琅琊山和江苏句容市，安徽省滁州市将其选为市树。

市树底蕴

琅玡榆是我国的特有种，但是数量稀少，分布面积日益窄小，数量甚小。目前已处于濒危状态，仅分布于安徽省滁州市的琅琊山和江苏省句容市的宝华山等，生于海拔 100 ～ 250m 处的石灰岩丘陵山地落叶阔叶林中，已经被列为国家三级保护濒危种。琅玡榆树干挺拔高大，树姿优雅错落，绿荫浓

琅玡榆

琅玡榆花枝

琅玡榆

郁，适宜种植在庭院中作庭荫树和观赏树使用，也适合作行道树栽植于道路两旁。

滁州市琅琊山有树木 300 多种，其中琅玡榆和醉翁榆为琅琊山所特有。过去，人们看到这种秀直的大树，赞赏之余却叫不出它的名字。1955 年，我国著名树木分类学家郑万钧，到琅琊山游览，一看到这两种树木，他便惊喜地说："这在全国大小森林和名山古寺中还未见到过。"郑老当即以山、亭命名。这样，琅玡榆和醉翁榆才有了自己独特的名字。在安徽省琅琊山，约有大、小树 30 余株，胸径 30cm 以上的母树仅 5 株，其珍贵性不言而喻，作为滁州市的市树也是再合适不过的。

习性特征

琅玡瑜为落叶乔木，高 15 ～ 20m；叶阔倒卵形至椭圆形，花早春先叶开放；翅果窄倒卵形、长圆状倒卵形或宽倒卵形。花期 3 月，果期 4 ～ 5 月。为喜光树种，适生土壤为石灰岩发育的中性黏土或钙质土，pH 6.5 ～ 7.5。根系发达，耐干旱瘠薄，能生于岩石裸露、土层浅薄的立地条件，但在土层深厚、肥沃之处生长较快。

48 黄山松 *Pinus taiwanensis* Hayata (*P. hwangshanensis* Hsia)

城市概览

黄山松是在黄山独特的地貌和气候条件下形成的一种我国特有种,具有独特的地域文化特征,因此成为安徽省黄山市的市树。

市树底蕴

黄山松,顾名思义是黄山上生长着的松树,它是历经沧海桑田孕育出的奇秀树种,它以特有的千姿百态和黄山自然环境相辅相成,达成了自然景观的和谐一致,成为长江中下游地区海拔 700m 以上酸性土荒山的重要造林树种。

黄山松的针叶短粗稠密,叶色绿,枝干曲生,树冠扁平,显出一种朴实、稳健、雄浑的气势,而每一处松树,每一株松树,在长相、姿容、气韵上又神态迥异,都有一种奇特的美。虽然姿态坚韧傲然,美丽奇特,但生长的环境十分艰苦,因而生长速度异常缓慢,一棵普普通通的黄山松往往树龄上百年,甚至数百年。根部常常比树干长几倍、几十倍,也正因为其根部较深,黄山松才能坚强地立于岩石之上,虽然历风霜雨打,但依然永葆青春。

黄山松以"奇"闻名于世。黄山松不像一般的松树那样生长在泥土里,而是靠着分泌一种酸性物质依山势和风向扎根在高山峭壁夹缝中,千姿百态。它们不怕严寒,四季常青,形态有立有卧,俯仰有致,千姿百态,让人眼花缭乱。玉屏楼上举世闻名的迎客松,独树一帜的送客松,始信峰上霸气

黄山松

安徽黄山迎客松

黄山松

十足的黑虎松，天都峰上探询云海的探海松等，都是黄山上不可多得的好风景。黄山松还能从空气、雨雪中吸取养分，以供其生长所需，所以它能在悬崖绝壁上生存，在千米高峰上挺胸而立，并繁衍种族，延续后代。黄山松属于黄山，天下无双，是黄山得天独厚的光荣与骄傲，是我国山水的绝妙与风采。

习性特征

　　黄山松为高大乔木，高达30m，胸径80cm；树皮深灰褐色，针叶2针一束；球果卵圆形，成熟时褐色或暗褐色，后渐变呈暗灰褐色，种子倒卵状椭圆形。花期4～5月，果期翌年10月成熟。黄山松是喜光、深根性树种，喜凉润、空中相对湿度较大的高山气候，在土层深厚、排水良好的酸性土及向阳山坡生长良好；耐瘠薄，但生长迟缓。

49 香榧 *Torreya grandis* Fort. et Lindl. 'Merrillii'

城市概览

香榧主要生长在我国南方较为湿润的地区，浙江省绍兴市会稽山脉中部一带的香榧种子闻名世界，具有不可忽视的文化传播作用。浙江省绍兴市将其选为市树。

市树底蕴

香榧，别名中国榧，俗称妃子树，是我国的原产树种，也是世界上稀有的经济树种。香榧枝繁叶茂，形体美丽，是良好的园林绿化树种和背景树种。同时，又是著名的干果树种，果营养丰富，风味香醇，具有保健、药用价值，种仁经炒制后食用，香酥可口，是营养丰富的上等干果，且种仁、枝叶均可入药。

民间关于香榧的传说有许多，浙江省绍兴市会稽山脉中部一带早早就与香榧结下了不解之缘。相传公元前 210 年，秦始皇嬴政东巡来到诸暨县（现已为诸暨市），前往会稽山，命令宰相李斯刻石记功，世称"会稽石刻"。当地官员奉上特产珍品香榧，秦始皇还没有见到香榧果就闻到了香味。秦始皇金口品尝，果仁松脆可口，又香又甜又鲜，龙颜大悦，便问道："这是什么果？"县官回答说："这是柀子。"秦始皇赞叹道："这个果子异香扑鼻，世上罕见，叫香柀如何？"众人忙齐声附和："谢圣上隆恩赐名！"从此，会稽山一带的乡民叫柀子为香柀，后来又改叫香榧。

浙江绍兴千年香榧王

香榧果实

　　香榧的美得到了许多人的认可与赞许，吴越多美人，位居我国古代四大美女之首的西施就是浙江诸暨一代人氏，又称西子。西施不但有沉鱼落雁之容、闭月羞花之貌，而且还很有智慧。传说中香榧上有两颗眼睛状的凸起，就是西施发现的，它也因此被称为"西施眼"。另外，王羲之与香榧也有一段故事。王羲之是东晋著名的书法家，定居在会稽山阴，常喜欢与文朋诗友相聚，赏鹅、赏榧、喝酒，只要有香榧，便置其他山珍海味于不顾，留下了"无榧不醉酒"的佳话。一日，有一个员外想要求得王羲之的书法，就特地请他喝酒，因为席间没有香榧，王羲之酒兴不发，书法更无从谈起。酒毕，王羲之踱到偏间，看见一个木匠在做八仙桌，随口问道："这是什么木材做的？"木匠答道："香榧木。"王羲之仔细一看，见木材色泽黄润，质地上乘，光滑柔润，于是情不自禁地拿起笔来饱蘸浓墨，在八仙桌上写下了"香榧"两个苍劲有力的大字。待王羲之走后，木匠看桌上有两个字，觉得不妥，正想刨去。这时员外过来问清缘由后大喜，嘱咐木匠不能刨，反而用真漆漆好这两个字，让它更加光彩夺目。从此，员外将这张八仙桌珍藏起来，等到贵宾来访便抬出"香榧桌"供宾客欣赏，员外由此风光不少。

习性特征

　　香榧为我国特有树种，产于江苏南部、浙江、福建北部、江西北部、安徽南部，西至湖南西南部及贵州松桃等地，生于海拔1400m以下，喜温暖多雨，黄壤、红壤、黄褐土地区都能适应。香榧为常绿乔木、嫁接树，高达20m，胸径达1m。叶深绿色，质较软；种子有光泽，顶端具短尖头；花期4月，果期翌年9月。香榧为亚热带比较耐寒的树种，对土壤要求不高，适应性较强，喜微酸性到中性的壤土，耐干旱耐贫瘠；一般情况下，香榧种植地应以土层深厚、疏松肥沃、通透性好、排灌设施齐全的区域为最佳。

50 南方红豆杉 *Taxus chinensis* (Pilger) Rehd. var. *mairei* (Lemee et Levl.) Cheng et L. K. Fu

城市概览

南方红豆杉是我国亚热带至暖温带的特有树种之一，分布于长江流域以南各省区，以及河南和陕西，是国家一级重点保护野生植物。浙江省丽水市选其为市树。

市树底蕴

南方红豆杉是经过了第四纪冰川遗留下来的最古老的树种，已有 250 万年存世历史，是世界上公认的濒临灭绝的天然珍稀植物，1999 年被定为国家一级保护植物。南方红豆杉为常绿乔木，其茎、枝、叶、根均可入药，其所含的紫杉醇、紫杉碱的成分具有明显的抗癌功能，并有抑制糖尿病及治疗心脏病的效用，这也是它被誉为"植物大熊猫"的原因之一。南方红豆杉枝叶浓郁，树形优美，种子成熟时果实满枝，深受人们喜爱，常在庭园一角孤植点缀，也较为适宜在风景区作中、下层树种，与各种针阔叶树种配置。

南方红豆杉

江西九江南方红豆杉古树林

　　南方红豆杉在古代是神树的代表，一直庇佑着人们，关于它的传说也流传至今。湖南省城步苗族自治县白毛坪乡城溪村有两株树龄达900余年的南方红豆杉。城溪村是城步古代五峒四十八寨之一，原名辰溪。据岳麓书社出版的《城步苗款》记载，唐末、五代"飞山蛮"酋长、十峒首领杨再思后裔杨秀才于南宋绍兴元年（1131年）进入城步拦牛峒辰溪、腊屋一带下籍落户，插标为界，开发农牧业，薪火传承至今。苗族有习俗，其族人迁徙至新处居住，都要在团前寨后的水口山和后龙山植栽水口树、后龙树，一是作为风景树，二是作为神佑树。树木品种一般是枫树、杉树、松树、水青冈、红豆杉等，茂密成林，郁郁葱葱，生机勃发，人丁兴旺。族人将其视为神树，树碑立款严加保护，永禁砍伐，逢年过节还要率族人带上三牲礼品前往祭祀，即使倒塌腐朽，也无人敢捡拾回家作柴火用。南宋初年杨氏一族下籍辰溪开发后，即在村前寨后栽植了大量红豆杉、枫木树等（作为风景树和神树），永镇团寨，护佑族人。历经八九百年，目前全村共存活百年古树60余株，庄重肃穆，令人肃然起敬，其中的"千年红豆杉王"至今依然枝繁叶茂，生机勃发，雌雄搭配，"绿"头偕老，成为当地一道亮丽的风景。

习性特征

　　南方红豆杉高可达30m，胸径达60～100cm。树皮常为灰褐色、红褐色或暗褐色，裂成条片脱落；叶排列成两列，条形。雄球花淡黄色，种子常呈卵圆形；花期4～5月，果期6～11月。南方红豆杉喜温暖湿润的气候，通常生长于山脚腹地较为潮湿处，自然生长在海拔1000m或1500m以下山谷、溪边、缓坡腐殖质丰富的酸性土壤中，要求肥力较高的黄壤、黄棕壤，在中性土、钙质土上也能生长。

51 舟山新木姜子 *Neolitsea sericea* (Bl.) Koidz.

城市概览

舟山新木姜子是浙江省舟山市的市树，也是舟山海岛的特有树种，主要分布在舟山市普陀山、桃花岛、朱家尖、洛珈山岛、大猫岛等各大岛屿上。

市树底蕴

舟山新木姜子是我国稀有种，主要分布于我国浙江省舟山群岛普陀与桃花两个岛屿，是国家二级重点保护植物。作为舟山市的特有、珍贵树种，自然将其作为市树并应用于城市绿化中。

舟山新木姜子树干通直，树姿优雅，春天幼嫩枝叶密被金黄色绢状柔毛，在阳光照耀及微风的吹动下闪闪发光，俗称"佛光树"。舟山新木姜子冬季时红果满枝，与绿叶相映，十分艳丽，是不可多得的观叶兼观果树种，还是珍贵的庭园观赏树及行道树。另外，该树种出材率高，材质优良，结构细致，纹理通直，富有香气，也是建筑、家具、船舶等的上等用材。

习性特征

舟山新木姜子为常绿乔木，高达 12m；叶革质，长椭圆形或卵状长椭圆形，离基三出脉；伞形花序簇生于枝端叶腋，花被裂片 4，卵形；果球形，成熟时鲜红色；种子近球形；花期 11 月，果期翌年 10～11 月。舟山新木姜子根系发达，具有耐旱、耐盐碱、抗风等特性，根基萌发力较强，适应能力强，但是仅分布于我国东部沿海较狭窄地带。

舟山新木姜子

舟山新木姜子

舟山新木姜子

52 黄花槐 *Sophora xanthantha* C. Y. Ma

城市概览

黄花槐在我国亚热带地区城市常绿，在我国华南南部到华南北部及贵州、四川等省应用相对较多。福建省三明市选其为市树。

市树底蕴

黄花槐树姿洁净、飒爽明媚，花朵呈黄色或金黄色，每年8月开始开花，蕾如金豆、花如金蝶，长势旺盛，枝繁叶茂、花量大而鲜艳，花色金黄，故有聚宝黄金树的美称。寒霜降临、盛情不衰，落叶不落花，填补了初冬无观赏花木的空白，不似春光，胜似春光，品位颇高，一般作景观树或行道树之用。现广州有大量作为行道树应用。

黄花槐由我国传统国槐与美洲金边黄槐、双荚槐杂交育种而成。黄花槐生性强健，1m左右的小苗一年生即可开花。但由于苗木繁育未达规模，城镇、街道绿化还不普遍。

习性特征

黄花槐喜光，稍耐阴，生长快，宜在疏松、排水良好的土壤中生长，肥沃土壤中开花旺盛，适于在长城以南极端低温在 –17℃以上的地区陆地栽植，高可达数米。花期8～11月，果期翌年1～2月，耐修剪。

黄花槐 黄花槐

53 相思树 *Acacia confusa* Merr.

城市概览

相思树在我国台湾、福建、广东、广西、云南等省区城市应用较多。福建省漳州市选其为市树。

市树底蕴

相思树为常绿乔木，属于豆科，有1200多个树种，均为常绿乔木。目前，漳州相思类有18个树种，仅台湾相思为我国特有树种，其 余相思树种引自澳大利亚。台湾相思在漳州城乡、田野、山头、沿海等均有分布生长。

相思树不仅是独特的绿化树种，还象征忠贞不渝的爱情。相传相思树为战国宋康王的舍人韩凭和他的妻子何氏所化生。据晋干宝《搜神记》卷十一载，宋康王的舍人韩凭妻何氏貌美，康王夺之并将韩凭囚禁起来。之后韩凭自杀，而他的妻子何氏也投台而死，遗书愿以尸骨与夫君合葬。不久之后，两冢顶端生出大梓木，相互缠绕合抱在一起，底下根枝交错，又有雌雄鸳鸯栖宿树上交颈悲鸣，后则象征忠贞不渝的爱情。

在城市绿化建设中，多用途速生相思树适应性广，生物量大，枯落物含氮量高，据测定，每年每公顷可提供3500kg枯落物，分解后相当于500kg尿素。同时一份落叶能吸收其自身重量三倍的水，一年可吸收约40t水，林内湿度经常在80%以上，因此大面积多用途速生相思树种植后对改良土壤、防止水土流失、改善林内生态环境起到很好的作用。

相思树道路

相思树古树

早春相思林

台湾相思林

习性特征

相思树喜暖热气候，亦耐低温，喜光，亦耐半阴，耐旱瘠土壤，亦耐短期水淹，喜酸性土。相思树为常绿乔木，高 6～15m。羽状复叶，托叶三角形，肉质；头状花序球形，花金黄色，有微香，花瓣淡绿色，荚果扁平，椭圆形。花期 3～10 月，果期 8～12 月。

54　橘树 *Citrus reticulata* **Blanco**

城市概览

　　橘树在我国江苏、安徽、浙江、江西、台湾、湖北、湖南、广东、广西、海南、四川、贵州、云南、陕西南部等地区的城市均有栽植。出自《晏子春秋·内篇杂下》的"南橘北枳"，这一成语曾记载："橘生淮南则为橘，生于淮北则为枳，叶徒相似，其实味不同。所以然者何？水土异也。"可以看出，淮河基本就是橘树的北缘。湖北省宜昌市选其为市树。

市树底蕴

　　橘树是南方重要的经济树种之一，在城市绿化中应用较少。除经济价值外，橘树也有着十分灿烂的文化内涵。

　　中国人视橘为吉祥物，意为吉祥嘉瑞，语音上橘（也作"桔"）与"吉"的字音相近，以橘喻吉。因此我国古代不少文人墨客写下了赞美橘的诗歌。《橘颂》是屈原的早期作品，是一首咏物抒情诗："后皇嘉树，橘徕服兮。受命不迁，生南国兮。深固难徙，更壹志兮。绿叶素荣，纷其可喜兮。曾枝剡棘，圆果抟兮。青黄杂糅，文章烂兮。精色内白，类任道兮。纷缊宜修，姱而不丑兮。嗟尔幼志，有以异兮。独立不迁，岂不可喜兮？深固难徙，廓其无求兮。苏世独立，横而不流兮。闭心自慎，终不失过兮。秉德无私，参天地兮。愿岁并谢，与长友兮。淑离不淫，梗其有理兮。年岁虽少，可师长兮。行比伯夷，置以为像兮。"诗一开篇，先写出了橘树的出生，它是为天所授生在南方楚国的嘉树，一生长就习惯了南国水土，植根于楚国大地，不能任意将它迁移到别的地方去，这是赞美橘树的禀性

橘园飘香

湖北长阳百年老橘树硕果累累

正直、不随遇而安，突出了它热恋故土、坚定专一的情志，同时赞美了橘树的外表美，以及其所具有的精美的内质，它的果实内瓤明亮，就像表里如一、道德高尚的君子。不仅如此，它还香气宜人，真是美好绝伦，无可比拟。"橘"是楚地特产的嘉树，是楚国人民精神的象征，以橘树的品格赞颂楚国人民的优良品质及高尚人格，使橘树有了更加浓厚的情感寄托。

"橘"与诗人屈原的形象之间有着紧密的联系，体现了诗人屈原忠于楚国、至死不渝的精神，象征着诗人高洁的人格形象等，他认为橘树是天地间最美好的树，因为它不仅外形漂亮，而且有着非常珍贵的内涵。橘树天生不可移植，只肯生长在南国，这是一种一心一意的坚贞和忠诚；橘树"深固难徙，廓其无求""苏世独立，横而不流"，这使得它能坚定自己的操守，保持公正无私的品格，是值得人们所赞颂的。

习性特征

橘树喜温暖湿润气候，不耐低温，较耐阴，根部好气好水，要求有机质含量丰富的肥沃土壤。橘树为小乔木，高 2 ～ 3m。果实扁圆形或馒头形，果皮易剥离，质松脆，白内层棉絮状，有香气，味酸甜；种子卵圆形，淡黄褐色。花期 4 ～ 5 月，果期 10 ～ 12 月。

55 栾树 *Koelreuteria paniculata* Laxm.

城市概览

栾树在我国北方和中部大部分省区城市分布较广泛。湖北省宜昌市选其为市树。

市树底蕴

栾树为落叶乔木，目前广泛应用于我国各个城市的园林绿化中。栾树的观赏期很长，一年能占十月春。春季枝叶繁茂秀丽，叶片嫩红可爱；夏季树叶渐绿，黄花满树，金碧辉煌；秋来夏花落尽，蒴果挂满枝头，如盏盏灯笼，绚丽多彩。栾树除可作城市景观树外，还因其栾果能作佛珠用，故寺庙多有栽种。

安徽黄山地区民间还有把栾树称为"大夫树"的说法，此说法最原始的出处可见于班固的《白虎通德论》一书，上曰："春秋《含文嘉》曰：天子坟高三仞，树以松；诸侯半之，树以柏；大夫八尺，树以栾；士四尺，树以槐；庶人无坟，树以杨柳。"意思是说，从皇帝到普通老百姓的墓葬按周礼共分为五等，其上可分别栽种不同的树以彰显身份。士大夫的坟头多栽栾树，因此此树又得"大夫树"之别名。

习性特征

栾树喜光，稍耐半阴，耐寒，不耐水淹，耐干旱和瘠薄，抗风能力较强，对环境的适应性强，喜欢生长于石灰质土壤中，耐盐渍及短期水涝。栾树为落叶乔木，花期6～8月，果期9～10月。

栾树林

校园栾树大道

56 杜英 *Elaeocarpus decipiens* Hemsl.

城市概览

杜英在我国长江以南城市分布较多，湖南省岳阳市选其为市树。

市树底蕴

杜英是一种常绿速生树种，材质好，适应性强，病虫害少，是庭院观赏和四旁绿化的优良品种，且分枝低、叶色浓艳、分枝紧凑，常作绿篱墙及行道树。在闽南地区，杜英是乡土树种中较优秀的绿化树种，也是江西省的二级保护植物。

杜英最明显的特征是在掉落前，高挂树梢的红叶，随风徐徐飘摇，像小鱼群钻动般的动感，是观叶赏树时值得驻足停留欣赏的植物。材质可作一般器具用材，种子油可作为润滑剂，树皮也可作染料，非常适合作为住家庭园添景、绿化或观赏树种。

杜英之所以成为岳阳的市树，是因为岳阳人们非常喜爱杜英，它干形高大，蓬勃向上，整个树叶红绿相间，相互交织在一起，非常美观。老叶在凋落之前变成红色，四季如此，无花胜有花，颇有"红花绿叶春常在"之感。文人雅士为杜英起了一个雅号，叫丹青树。若把掉下的红叶夹入书中，火红刷亮，久不褪色，既可作书签，又是一种独特的旅游纪念品。

习性特征

杜英喜温暖潮湿环境，耐寒性稍差。稍耐阴，根系发达，萌芽力强，耐修剪。喜排水良好、湿润、肥沃的酸性土壤。杜英为常绿乔木，高 5～15m；叶革质，披针形或倒披针形，总状花序多生于叶腋，花白色，花瓣倒卵形，核果椭圆形。花期 6～8 月，果期 10～11 月。

杜英　　　　　　　　　　　　　　　　　　　　　　　　　　　　　　杜英

57 红树 *Rhizophora apiculata* Blume

城市概览

红树主要分布在热带、亚热带地区滨海城市，广东省深圳市选红树为市树。

市树底蕴

红树是深圳市的市树，优美的红树林景观已经成为深圳独一无二的"生态名片"，也是深圳精神的最好体现。红树林在护岸防风、优化水体、减少赤潮、美化景观、生物多样性保护及科研等方面有着陆地森林不可替代的作用，被誉为城市的"海上卫士"和"天然绿肺"。例如，一次赤潮可以减少一个季度的渔业收入，而红树林能减少赤潮发生的可能性，避免渔业的巨大经济损失。经过红树林净化的海水养殖水产品可以减少病害发生，提高水产品产量和质量。

红树林不仅为人类提供了一个良好的休闲观光场所，还是海洋生物多样性的一个重要体现。作为海洋生物食物链的一个重要环节，红树林通过食物链转换，可以为海洋生物提供良好的生长发育环境。同时，由于红树林区内潮沟发达，能吸引大量鱼、虾、蟹、贝等生物来此觅食栖息，繁衍后代。此外，红树林区还是候鸟越冬的驿站和迁徙中转站，更是各种海鸟生产繁殖的场所。调查研究表明，红树林是至今世界上少数几个物种最多样化的生态系统之一，生物资源非常丰富。

红树林海岸

海南红树林湿地公园

　　虽然红树林在其他地区也有，但是像深圳这样在市区内保存有大片红树林的，全世界几乎绝无仅有。尤其是深圳湾这片城市腹地的红树林，是深圳的一张特色生态名片，是深圳非常珍贵的自然遗产。红树林在全国的分布面积不足 2 万 hm²，深圳占了 1%，将红树林确定为市树，充分体现了深圳人民对这张生态名片的重视。红树林是一个群集而生的植物群落，不同树种共存共荣的现象恰好体现了"和谐"的理念，对于我们构建和谐社会具有很好的象征意义。

　　无论从生态意义看还是从人文价值看，将红树确定为深圳市树非常有意义。深圳人民有种特殊的红树情结，红树成为深圳生态保护的绿色名片。红树具有深厚的人文内涵，它所蕴含的自强不息、艰苦奋斗、舍己为人、朴实无华等品质，集中体现了深圳精神的深刻内涵。

习性特征

　　红树嗜热喜湿、喜阳光直射，主要生长在热带、亚热带地区的河海交接处，生于海浪平静、淤泥松软的浅海盐滩或海湾内的沼泽地。红树为乔木或灌木，高 2 ～ 4m。果期 10 ～ 12 月，花期 12 月至翌年 1 ～ 2 月。

58 蒲葵 *Livistona chinensis* (Jacq.) R. Br.

城市概览

蒲葵在我国南方热带地区城市分布较多,长江流域城市也有少量应用。广东省江门市选其为市树。

市树底蕴

蒲葵叶阔肾状扇形,不但是一种庭园观赏植物和良好的四旁绿化树种,还是一种经济林树种。可用其嫩叶编制葵扇、老叶制蓑衣等,叶裂片的肋脉可制牙签,果实及根入药,浑身是宝,但蒲葵最为突出的还是制扇功用及其本身蕴含的扇艺文化。

自古以来,我国就有"制扇王国"的美称。扇子是我国民间的传统手工艺品,历史悠久,种类繁多。我国的扇艺有着深厚的传统文化底蕴,是民族文化的一个组成部分,它与我国传统文化、佛教文化都有着密切关系。在晋代,扇的形状已有多种。质地除竹扇外,蒲葵扇也是常见物。近现代我国有五大名扇,其中比较著名的是广东新会的葵扇。据史载,东晋时,新会就大规模种植蒲葵和加工葵扇,新会葵艺制品历史悠久,距今已有 1600 多年。明代把新会葵扇列为"贡品"。新会葵扇在扇面绘图描画,工艺精湛,高雅实用,早在光绪十八年就远销俄、英、美、法、古巴、哥伦比亚、秘鲁、智利等欧美24 个国家和地区。

新会葵扇有普通扇、玻璃扇和织扇三大类,几十个款式。普通扇是普通百姓扇风纳凉的工具。玻璃扇中的火画扇轻巧、美观,至今已有 140 年以上的历史。1914 年左右又创造了双面火画扇,这种扇更为雅致、大方。织扇质地坚实,式样新颖,耐用而美观。梁启超曾以此种扇送给前清某遗老,

蒲葵

蒲葵

大受赞赏。1913 年，又创造出名贵的"竹箨画扇"，并在 1915 年巴拿马国际博览会上荣获金奖。新中国成立后，"三脊火画扇"曾三度获"百花奖"和"优质产品奖"。郭沫若 1959 年 1 月视察新会葵艺厂，曾作诗赞曰："清凉世界，出自手中，精逾鬼斧，巧夺天工。"20 世纪 70 年代，大人们手持着小扇常有这样的字句："手中好清风，时常在手中，有人来借扇，要问主人翁。"可见那年月，使用葵扇十分普遍、流行。

为了延续种葵、制葵这种传承千年的文化遗产，广东省江门市新会区规划部门制定的新会总体规划将南坦蒲葵林规划为湿地生态自然保护区，2006 年新会葵艺入选广东第一批非物质文化遗产代表名录，2008 年国家文化部把新会葵艺列入第二批国家非物质文化遗产名录。2010 年底，新会区政府批准逐步申报新会南坦葵林葵文化生态保护区。

蒲葵的种植延续了我国的"制扇"文化，在园林中不能盲目地引进，应坚持适地适树的原则，发挥其最大的价值。在园林应用中蒲葵大量盆栽常用于大厅或会客厅陈设。在半阴树下置于大门口及其他场地，应避免中午阳光直射。

习性特征

蒲葵喜温暖湿润的气候条件，不耐旱，能耐短期水涝，惧怕北方烈日曝晒。在肥沃、湿润、有机质丰富的土壤里生长良好。蒲葵为多年生常绿乔木，高 5 ～ 20m，直径 20 ～ 30cm。花果期 4 月。

59 梧桐 *Firmiana platanifolia* (L. f.) Marsili

城市概览

梧桐在我国华北、华南、华中、华东、西南地区城市栽植较为普遍，尤以长江流域城市栽植最多。广西壮族自治区梧州市选梧桐为市树。

市树底蕴

梧桐有青桐、碧梧、青玉、庭梧之名称。梧桐树体高大，树干挺直，树皮光洁，姿态优雅，是城市重要的行道树及庭园绿化观赏树。梧桐是我国有诗文记载的最早的著名树种之一，其独特的象征意义深受文人墨客喜爱。

梧桐有吉祥之象征。梧桐树因其具有招引凤凰的美好传说，被我国历代人视为吉祥之物。《诗经•大雅》有这样一首诗："凤凰鸣矣，于彼高冈。梧桐生矣，于彼朝阳。萋萋萋萋，雍雍喈喈"，诗中描绘了梧桐生长的茂盛，引来凤凰啼鸣的景象。《庄子•秋水篇》这样写道："南方有鸟，其名为鹓雏，子知之乎？夫鹓雏，发于南海而飞于北海，非梧桐不止，非练实不食，非醴泉不饮"，鹓雏是凤凰的一种。庄子把梧桐和凤凰联系在一起，说凤凰从南海飞到北海，路途遥远，却只肯栖息于梧桐上。凤凰这种执着且专一的选择，进一步证明了梧桐的高贵。

梧桐有秋天之象征。梧桐树在早秋最先落叶，高耸的梧叶飘落，知秋至也。先秦楚国著名辞赋家宋玉《九辩》在描述秋天的景致时有"白露既下百草兮，奄离披此梧楸"的赋词。因此梧桐叶落成为秋至的象征性景物。王象晋《二如亭群芳谱》写道，"立秋之日，如某时立秋至期一叶先坠，故云：'梧桐一叶落天下尽知秋'。"所以古人有"一叶落知天下秋"之说，梧桐树叶就是感秋而陨的"一叶"，梧桐自然就成了秋天的象征。

青桐

梧桐有孤直人格之象征。最能体现梧桐树"孤直"人格象征意义的则是"孤桐"意象。早在魏晋南北朝时期，伴随着咏物诗的出现就有了"孤桐"的意象。南朝宋鲍照《山行见孤桐》诗有"桐生丛石里，根孤地寒阴"，谢朓《游东堂咏桐诗》诗有"孤桐北窗外。高枝百尺余"，唐代李峤《桐》诗有"孤秀峰阳岑，亭亭出众林"，都是对孤桐外在形象的刻画。唐代王昌龄《段宥厅孤桐》的"虚心谁能见，直影非无端"，则写出了孤桐的内在品性。

梧桐有佛教圣树之象征。梧桐树身高大，枝繁叶茂，与银杏、七叶树一起成了我国佛教的三大圣树之象征。佛书《五灯会》卷一载："世尊因黑氏梵志运神力，以左右手擎合欢、梧桐花两株，来供养佛"。《高僧传》卷十二"亡身"载："释僧瑜……以宋孝建二年（455年）六月三日，集薪为龛，并请僧设斋，告众辞别……其后旬有四日，瑜房中生双梧桐，根枝丰茂，巨细相如，贯壤直耸，遂成连树理，识者以为婆罗宝树"。因此佛寺中多植梧桐树。

梧桐有表达爱情之象征。梧桐树枝叶相交，象征着缠绵小非小则、至死不渝的爱情。唐孟郊《列女操》诗有"梧桐相待老，鸳鸯会双死"，贺铸《鹧鸪天·重过阊门万事非》有"梧桐半死清霜后，头白鸳鸯失伴飞"，就是爱情之意的表达。以梧桐树作为表达爱情的象

青桐

征，还以"梧"与"吾"、"桐"与"同"相谐。民间有"栽下梧桐树，引来金凤凰"的谚语，其本就含有表达男女情爱的意义。著名戏剧家白朴根据白居易的《长恨歌》编写了杂剧《唐明皇秋夜梧桐雨》，就是讲述唐明皇李隆基与杨贵妃的爱情故事。剧情第一折先是唐明皇与杨贵妃于七月七日在长生殿梧桐树下盟誓；后因安禄山作乱，杨贵妃被迫自缢身亡；第四折写平乱后唐明皇返京，因思念杨贵妃而入梦，为秋夜梧桐雨惊醒，梧桐树无疑成了唐明皇和杨贵妃表达爱情之象征。

梧桐因其象征意义深受世人喜爱，同时也与文人有着不解之缘。《庄子·秋水》记载了这么一个故事，庄子的朋友惠子做了梁国的宰相，庄子过去拜访他。有人告诉惠子说："庄子这次来，很显然是瞄准了你的宰相职位，想取而代之。"惠子为此坐立不安，想来想去，决定先下手为强。他派人在都城里搜了三天三夜，声称挖地三尺，也要把庄子找出来。庄子知道后十分不屑，仍然坚持去见惠子，看到他就说："南方有一种鸟，名字叫作鹓雏，你听说过吗？话说这鹓雏从南海出发，一路飞往北海，除了梧桐树，什么也不栖；除了竹子结的果实，什么也不吃；除了甘美如酒的泉水，什么也不

喝。有只猫头鹰发现了一块腐烂的鼠肉，刚好有只鹓雏从头顶飞过，那猫头鹰就仰头对它喝道：'吓！快滚开，不要和我抢。'真是可笑至极，现在你也想为你这小小的梁国而呵斥我滚开吗？"庄子以鹓雏自比，说自己心怀高洁，淡泊名利，惠子斤斤计较、唯恐有失相位，在庄子眼里，不过如"鼠肉"一般令人作呕。鹓雏是一种与鸾凤同类的鸟，古人都认为凤非梧桐不栖。凤乃高贵祥瑞之物，得其青睐，梧桐自然也是高洁之木。诗文中往往以梧桐代指高洁的品性。

元代的著名诗人和画家倪瓒，为人高渺简古，不合于俗。倪瓒素有洁癖，据说衣服和头巾每天要洗好几次，又常以孤高自许，人称"倪高士"。他还有一个"洗桐"的故事广为流传。倪瓒家里有一座清闷阁，阁前广植碧梧，蔚然成林，他便以云林为号。有一次，一位姓徐的客人前来拜谒，因为早就羡慕他的清闷阁清疏雅致，定要进去参观一番。在他的再三请求之下倪瓒终于答应了。但这位徐某似乎忘记了倪瓒有很强的洁癖，竟然随意在地上吐了口痰，倪瓒知道后，二话没说，就命令仆人绕阁四处寻觅，一定要把那口痰清理掉。仆人找了半天，一无所获，倪瓒不甘心，又亲自去找，一番周折后，终于在一棵梧桐树的根部找到了唾渍。倪瓒急忙派人扛水来拼命地洗刷那棵树，但怎么洗都觉得不干净。面对如此执着于洗桐的倪瓒，那位姓徐的客人不禁大为惭愧，趁机溜了出去，再也不敢踏入倪门一步了。倪瓒此举着实可爱，但并非没有道理。因为梧桐是文人心目中高洁的象征，自然容不得一点玷污。倪瓒拼命要洗掉梧桐树上的污渍，其实是为了保持自己洁白无垢的文人品格。此后，"洗桐"就成了文人洁身自好的代名词，标榜清高的文人雅士常常以之为轶事而津津乐道，同时也是他们在书画中喜欢表现的有趣题材。

唐代诗人戴叔伦有一首咏梧桐的诗，说它"天资韶雅性，不愧知音识"。梧桐无节而直生，理细而性紧，是制作古琴的好材料。以桐木造琴由来已久，《诗经·鄘风·定之方中》中"树之榛栗，椅桐梓漆，爰伐琴桑"便是指此。古代有一把绝世名琴为"焦尾"，关于它的来历，还有几分传奇色彩。《后汉书·蔡邕传》中说，吴地有一个人在用木头烧火做饭时，正好蔡邕从旁经过，听到了噼噼啪啪的声音，发现他烧的竟是一块上好的桐木。蔡邕不仅是一位著名的大辞赋家，还通晓音律。他觉得这块木头很适合做琴，这样烧掉实在太暴殄天物，便请求那个人把木头送给他。蔡邕后来用其精心制作了一张琴，一试之下，果然声音清越，是不可多得的极品。因为那块桐木被火焚烧过，琴尾还呈焦状，所以当时人都称其为"焦尾琴"。由于焦尾琴名气很大，后世也常把琴称为"焦桐"。蔡邕之于桐木，就如伯乐之于千里马。桐木经过蔡邕的打造，才得以流传千古；没有蔡邕的一时知遇，桐木也只能埋没于众木之间，做一块普通的灰炭而已。文人与梧桐的不解之缘，以此为甚。

对于文人，梧桐是淡淡的哀愁，是爱，是情人，是友，是高洁的品格，是天地间最为精妙的乐曲。借着他们的笔墨，梧桐以其独特的姿态，被永远锁在了古典文化幽深的长廊里。

对于城市，正是因为梧桐的深刻文化内涵而使城市变得更富魅力、更具情感。梧州与梧桐，有人说"梧州"中的"梧"字，取自"苍梧"一词，取"梧"字而不取"苍"字，是出于地名不重名的原因，因为当时已有沧州，故选择"梧"字，苍梧郡改为梧州；也有人说梧州取名与全城随处可见的梧桐有关。

习性特征

梧桐树喜光，喜温暖湿润气候，耐寒性不强；喜肥沃、湿润、深厚而排水良好的土壤，在酸性、中性及钙质土上均能生长，但不宜在积水洼地或盐碱地栽种，又不耐草荒。梧桐为落叶乔木，高达15～20m，树皮绿色或灰绿色，平滑，叶大，阔卵形。花期5月，果期9～10月。

60 秋枫 *Bischofia javanica* Bl.

城市概览

秋枫在我国陕西、江苏、安徽、浙江、江西、台湾、河南、湖北、湖南、广东、海南、广西、四川、贵州、云南、福建等省区城市均有分布。广西壮族自治区钦州市选秋枫为市树。

市树底蕴

秋枫树叶繁茂，树冠圆盖形，树姿壮观，可在草坪、湖畔、溪边、堤岸栽植，在园林应用中宜作庭园树和行道树。

秋枫还是非常好的多用途树种，浑身是宝。秋枫木材红褐色，心材结构细，质重、坚韧耐用、耐腐、耐水湿，可供建筑、桥梁、车辆、造船、矿柱、枕木等用。果肉可酿酒，种子可作食用油，也可作润滑油。树皮可提取红色染料。叶可作绿肥，也可治无名肿毒。根有祛风消肿作用，主治风湿骨痛、痢疾等。

除广西壮族自治区钦州市外，秋枫在东莞人民心目中也有举足轻重的地位。东莞企石镇的秋枫公园是以里面的千年秋枫树命名的，其中千年秋枫树是里面的著名景点。为了更好地保护这株老树王，企石镇围绕着老秋枫在旧围村建成秋枫公园。企石镇旧围村的秋枫树，树龄约 1000 多年，树高 13m，胸径 7.4m，平均冠幅 15m。这株千年秋枫位于祠堂一侧，据村史记载，此树是宋朝时惠阳县长种下的。最令人惊奇的是，老秋枫并非常人印象中的古树，那些古树大多老态龙钟，而这株秋枫的枝叶绿意盎然，老干挺拔，树根盘根错节，依然生机勃勃，没有半枝残丫。"左祠堂，右秋枫"，也是东莞市企石镇旧围村的一个标志。旧围村，村人黄姓，祖先居住在中原地区，宋朝先南迁到福建、广东等地。宋真宗年间，从广东南雄珠玑巷迁徙到现在的旧围村。黄氏在旧围村定居时，即种下秋枫树，作为立村的"风水树"。此后，在秋枫树旁，黄氏一族建起祠堂。祠堂前，秋枫树旁，还挖了一口水塘。整个风水格局，就此形成。近千年来，秋枫树就立在此处，见证着黄氏一族一代代生生不息。而关于这株树的记忆，也存在于每一个族人的脑海中。

习性特征

秋枫喜阳，稍耐阴，喜温暖而耐寒力较差，对土壤要求不严，能耐水湿，根系发达，抗风力强，在湿润肥沃壤土上生长快速。秋枫为常绿或半常绿大乔木，高可达 40m，树皮灰褐色至棕褐色，砍伤树皮后流出红色汁液，干凝后变瘀血状。花小，多朵组成腋生的圆锥花序，果实浆果状，圆球形或近圆球形，淡褐色。花期 4～5 月，果期 8～10 月。

秋枫

秋枫古树

61 酸豆 *Tamarindus indica* **L.**

城市概览

　　酸豆在我国台湾，福建，广东，广西，云南南部、中部和北部（金沙江河谷）等地区城市常见。海南省三亚市选酸豆为市树。

市树底蕴

　　在海南众多的树种中，酸豆树不平常，这要看它特殊的"社会地位"——三亚市树。酸豆树树体巨大，枝叶浓密，耐旱、抗风，寿命长，是优良的庭院和街道绿化树种，也可作草坪孤立风景树，这是酸豆树从诸多对手中脱颖而出成为三亚市树的"法宝"。获得市树殊荣的酸豆树，在三亚许多地方均能觅其踪影。在三亚寻常百姓人家的生活里，酸豆树的影子更是屡见不鲜。由于酸豆木质坚硬细密，三亚农民多以其木制作牛车车轴、车轮和砧板。而在三亚渔民的生活里，酸豆更是不可或缺。渔民经常把酸豆果作佐料来煮鱼汤，酸酸甜甜的，味道极其鲜美，既营养丰富，又很开胃。三亚的许多海鲜店亦是如此，赚得不少"回头客"。酸豆除有深厚的文化底蕴外，还有很高的实用价值。它的果实味酸甜，可生食，并且可以入药。在园林中也是良好的绿化树种，观赏效果极佳。海南地区城市绿化建设时应多加利用，创造独特的城市景观。

　　在三亚最出名的莫过于南山的酸豆林。在海南省古树名木调查中，酸豆树名列第二，其中数量最大一处就在南山。在三亚南山佛教文化苑内，有世界罕见的海岸沙坝，在这 7km 长的沙坝上，矗立着 3000 多株酸豆树，这是我国目前发现的面积最大、数量最多的呈原始状态的热带滨海酸豆树林，亦是不可多得的世界奇观。生长在沙坝上的酸豆树，一般超出 100 年，部分存活时间较长，达 200 多年。距离酸豆林不远处，一株据传树龄超过 500 年、被雷劈去大半树身，但仍然顽强存活下来的酸豆

海南南山寺酸豆古屋

广东孙中山故居酸豆

古树，被当地人称为"酸豆王"，生长在南山百亩荷花池畔，树高 10m，直径超过 2.5m。据南山村内一些百岁老人回忆，这是方圆几十里最老的一株"罗晃子"（酸豆树在当地的名称）。有关资料记载，酸豆王"树高八丈，荫遮五亩，铁杆虬枝，满树藤萝，后遭雷击起火数日不熄，成了枯木"。几十年后，老树枯木逢春，仅存的半边树干又奇迹般地萌发新芽，顽强地支撑着一杆老枝，每年仍花繁叶茂，果实累累，远近闻名。观蝶飞燕舞，闻林响鸟啾。劫后重生的"酸豆王"仿佛一位历经沧桑的老人，目光慈祥地注视着周遭的一切。如今，这株只有半边树身的百年酸豆树生机盎然，与树旁石刻"树龄五百年，雷击仍等闲；历经风和雨，英姿留人间"相映成趣，成为南山游客喜爱的景观之一。

　　酸豆在我国种植历史悠久，也有深厚的文化内涵，关于酸豆的故事也有很多。孙中山先生曾手植一株酸豆树，位于我国广东省中山市南朗镇翠亨村孙中山故居的围墙内东南角。1883 年，年仅 18 岁的孙中山从美国檀香山读书归来，带回了这株酸豆树的种子，并亲手将其种在自家门前。1931 年被台风刮倒，折其枝干，拔其须根，但主根吃地三尺，酸豆树再焕生机。主干数米处，陡然昂起，断枝生新芽，撑起一片绿荫，犹如一条巨龙枕地而卧。郭沫若先生 1961 年 3 月参观故居时曾赋诗一首："酸豆一株起卧龙，当年榕树已成空。阶前古井苔犹活，村外木棉花正红。早识陈胡怀二志，何期汪蒋叛三宗。百年史册春秋笔，数罢洪杨应数公。"

习性特征

　　酸豆最适宜在温度高、日照长、气候干燥、干湿季节分明的地区生长。对土壤条件要求不是很严，在质地疏松、较肥沃的南亚热带红壤、砖红壤和冲积沙质土壤中均能生长发育良好，而在黏土和瘠薄土壤中生长发育较差。酸豆为乔木，高 10 ～ 15m，小叶小，长圆形。花黄色或杂以紫红色条纹，少数；荚果圆柱状长圆形，棕褐色。花期 5 ～ 8 月，果期 12 月至翌年 5 月。

62 阴香 *Cinnamomum burmanni* (Nees et T. Nees) Blume

城市概览

阴香在我国广东、广西、云南、福建等省区城市相对较多。广东省韶关市选其为市树。

市树底蕴

阴香树姿优美整齐,树冠伞形或近圆球形,枝叶终年常绿,有肉桂香味,可作庭院风景树、行道树,是广东省推广栽植的优良绿化树种,也是多树种混交伴生的理想树种。同时,阴香对氯气和二氧化硫均有较强的抗性,为理想的防污绿化树种,可用于工业区周边绿化和城市组团隔离区绿化。

阴香浑身是宝,皮、叶、根可用作药材,提取芳香油,种子可榨油。另外,它还是重要的经济植物肉桂的砧木。从木材来说,木材纹理通直,结构均匀细致,硬度及密度中等,易于加工,纵切面光滑,干燥后不开裂,但会变形,含油及黏液丰富,能耐腐,纵切面材色鲜艳而有光泽,绮丽华美,适于作建筑、枕木、桩木、矿柱、车辆等用材,供上等家具及其他细工用材尤佳。本种的广州商品材名为九春,别称桂木,为良好家具材之一。

习性特征

阴香喜阳光,稍耐阴,喜排水良好、暖热湿润气候及肥沃湿润土壤,生于疏林、密林或灌丛中,或溪边路旁等处。阴香高达14m,枝条纤细,绿色或褐绿色,具纵向细条纹。叶互生或近对生,卵圆形、长圆形至披针形,圆锥花序腋生或近顶生,花绿白色,果卵球形。花期主要在秋、冬季,果期主要在冬末及春季。

阴香花枝

阴香

63 龙眼 *Dimocarpus longan* Lour.

城市概览

龙眼是我国南方地区城市的重要经济树种，在我国西南部、东南部地区栽培很广，以广东最盛，福建次之。四川省泸州市选其为市树。同时，广东省高州市还被誉为"中国龙眼之乡"。

市树底蕴

龙眼为常绿乔木，栽培容易，寿命长。国内比较受好评的有广东的石峡龙眼，福建的普明庵、乌龙岭和油潭本等。龙眼名字的由来有一些古老传说。很早以前，在福建一带，有条恶龙，每逢八月海水大潮，就兴风作浪，毁坏庄稼，糟蹋房屋，人畜被害不计其数。周围的百姓只好逃离家园，在石洞里躲起来。当地有一个武艺高强的少年，名叫龙眼。他看到恶龙兴风作浪，决心为民除害，与恶龙搏斗一番。到了八月，大潮来了，他就准备好酒、猪羊肉，把它们合在一起。恶龙上岸以后，看到猪羊肉馋得口水直往下淌，几口就把猪羊肉吃光了。因为猪羊肉是用大量的酒泡过的，所以没等恶龙走多远，就躺在地上不动了。这时龙眼举起钢刀，朝龙的左眼刺去，龙的左眼被刺了出来，恶龙痛得来回翻滚，正要逃跑时，龙眼揪住龙角，骑在龙身上，当恶龙极力想摆脱龙眼时，龙眼用钢刀刺向恶龙的右眼，恶龙的双眼失去，痛得嗷嗷大叫。经过一阵搏斗，恶龙流血过多死去。龙眼在搏斗中负伤过重，也失去了生命。不久，在这个地方长出了一种果品，人们为了纪念龙眼，故称为"龙眼"。另外，浙江一带还流传这样一个故事：以前杨贵妃生病了，什么东西都不吃，有位大臣向皇上推荐一种水果给杨贵妃，杨贵妃看到这个水果就有了食欲，吃下去之后，病就好了，皇上因此给这种水果取名叫龙眼（贵体复原之意）。此外，泉州民间传说龙眼名称的由来，与一个悲壮的故事有关：渔民阿龙由于受尽渔霸的压迫剥削，变成了一条长龙，将渔霸卷进了大海，自己也再变不回人类。为了让可怜的母亲有个纪念，阿龙扒下自己的眼睛丢给母亲。悲愤的母亲将眼睛埋在屋后土地，后长出一棵奇特的树，

龙眼树

百年龙眼

结出的果实外皮黄褐色，像阿龙的眼睛，里面的果肉则如阿龙炯炯的眼睛，遂将此树取名"龙眼"。

龙眼在我国栽植历史悠久，最著名的便是长乐区。唐武德六年（623年）从古闽县析立新宁县时，县治即选在现在的古槐，不久改称长乐。上元元年（760年），县治才移到吴王夫差略地造舰处（三国东吴造船处六平吴航头），所以古槐又俗称古县。据说：该地易生槐树，故称古槐。唐人应秋试每在八月，俗有"槐花黄，举子忙"的俗语，谓槐树方花，乃学子赴举之时，以槐取名，或涵此义。作为治县130多年历史的古槐，境内名胜古迹遍布，诉说历史辉煌。人文荟萃，历代名人俊彦辈出，更因这里培植的龙眼被历代朝廷列为贡品而风靡全国。在古槐辖区董奉山东面的山脚下有个村庄，因这里地肥土沃，气候宜人，瓜果飘香，四季常青，故得名"青山"。这里是青山派黄氏的发祥地，宋大儒黄勉斋（黄榦）就在该村出生。青山村背靠董奉山，面朝莲花山，村前一马平川，南北溪流汇入丹湖。特殊的地理环境和温润的气候特征，自古就是理想的龙眼培植地。早在唐宋年间，这里就盛行龙眼栽培，其具有晚熟、核小、肉厚、质脆、味香的特性，特别是"夹龙眼"，具有"放在纸上不沾湿，掷落地下不沾沙"的特点，堪称果中珍品。传说宋绍熙二年，朱熹曾将它献于光宗皇帝品尝，光宗尝后赞不绝口，特赐"黄龙"匾额，以誉佳珍，从此青山龙眼便作为贡果被历代朝廷所征用。青山村现有龙眼树达18万余株，其中百年以上的古树达2000多株。

龙眼是我国南亚热带名贵特产，与荔枝、香蕉、菠萝同为华南四大珍果。果实累累而坠，外形圆滚，去皮则剔透晶莹偏浆白，隐约可见内里红黑色果核，极似眼珠。龙眼果实富含营养，有壮阳益气、补益心脾、养血安神、润肤美容等多种功效，被视为珍贵的补品，明李时珍曾有"资益以龙眼为良"的评价，所以历史上有"南方桂圆北人参"之誉。

习性特征

龙眼是亚热带果树，喜高温多湿，耐旱、耐酸、耐瘠，在红壤丘陵地、旱平地生长良好，栽培容易，寿命长。龙眼高通常10m有余，花序大型，花瓣乳白色，披针形，果近球形，通常黄褐色或有时灰黄色。花期春夏间，果期夏季。

64 塔柏 *Sabina chinensis* (L.) Ant. 'Pyramidalis'

城市概览

塔柏栽植范围很广，在我国内蒙古乌拉山、河北、山西、山东、江苏、浙江、福建、安徽、江西、河南、陕西南部、甘肃南部、四川、湖北西部、湖南、贵州、广东、广西北部及云南等地城市均有应用。四川省广元市选其为市树。

市树底蕴

塔柏又名蜀桧，高大挺拔，四季常绿，是普遍栽培的庭园树种、绿篱树种和行道树种。

塔柏也是重要的多用途树种。其心材淡褐红色，边材淡黄褐色，有香气，坚韧致密，耐腐力强，可作房屋建筑、家具、文具及工艺品等用材。树根、树干及枝叶可提取柏木脑的原料及柏木油；枝叶入药，能祛风散寒，活血消肿、利尿。种子可提取润滑油。

习性特征

塔柏为喜光树种，喜温凉、温暖气候及湿润土壤。塔柏高达20m，树皮灰褐色，纵裂，裂成不规则的薄片脱落；叶二型，即刺叶及鳞叶；雌雄异株，雄球花黄色，椭圆形，球果近圆球形，熟时暗褐色，花期4月，果期10月。

山西舜帝陵塔柏   塔柏列植

65 三叶树（重阳木）*Bischofia polycarpa* (Levl.) Airy Shaw

城市概览

三叶树是重阳木的俗称，在四川省和重庆市等地，被广泛称为三叶树，四川省内江市选其为市树。

市树底蕴

三叶树为落叶乔木，树姿优美，冠如伞盖，花叶同放，花色淡绿，秋叶转红，艳丽夺目，抗风耐湿，生长快速，是良好的庭荫和行道树种。三叶树也多在堤岸、溪边、湖畔和草坪周围作为点缀树种，这极有观赏价值，孤植、丛植或与常绿树种配置，秋日分外壮丽。

三叶树还具有显著的水土保持方面的独特优势，可以防风定沙，在抑制风蚀、保护坡面构造物、减少作物因强风造成生理或机械伤害方面具有重要作用，还能够保护路面、路肩及护坡，减少冲蚀及维护。三叶树除能适应当地的环境外，还具备较强的空气污染物吸收能力、光合作用能力，容易成功栽植并发挥植物各项功能。仅就除尘的绝对量而言，其叶片宽大、平展、硬挺迎风不易抖动，叶面粗糙多茸毛，能吸滞大量的尘埃。

三叶树全身是宝，木材质重而坚韧，结构细而匀，有光泽，木质素含量高，是很好的建筑、造船、车辆、家具等珍贵用材，常替代紫檀木制作贵重木器家具。其根、叶可入药，能行气活血，消肿解毒；果肉可酿酒；种子可榨油。

行道树

湖南道县千年重阳木

三叶树行道树

习性特征

　　三叶树为暖温带树种，喜光也稍耐阴，喜温暖湿润的气候和深厚肥沃的沙质土壤，对土壤的酸碱性要求不严，较耐水湿，抗风、抗有毒气体，适应能力强，生长快速，耐寒能力弱。树高可达10m，树皮棕褐色或黑褐色，纵裂，花小，淡绿色，有花萼无花瓣。果实球形浆果状，熟时红褐色或蓝黑色。花期4～5月，果期10～11月。

66 油樟 *Cinnamomum longepaniculatum* (Gamble) N. Chao ex H. W. Li

城市概览

　　油樟在我国分布面积相对较小，主要分布在湖南（新宁）、广东、重庆（奉节）、四川（米易、盐边、平武、马边、峨眉山、洪雅、屏山、雅安、荥经、天全、宝兴、泸定、会东）、云南（楚雄）等地。四川省宜宾市是我国油樟的主产区，油樟也是宜宾市的市树。

市树底蕴

　　油樟为常绿乔木，也是我国特产树种。油樟是樟科樟属的珍贵树种，具有生长快速、萌蘖强、载叶多、病虫少、树形美观、姿态雄伟、木质柔韧、纹理致密的特点，寿命长达千年，是成片造林和四旁绿化的首选树种。

　　油樟从树叶到枝条，以及树干树皮和树根果实，都可以提取樟油。从1951年开始，宜宾市政府数次发布管理条例，严禁砍伐包括油樟在内的珍贵树木。对油樟只可以采叶修枝，严禁伐树。当地人开始壮大油樟林，发展油樟产业。目前，宜宾市成为我国最大的油樟油产地，油樟天然香料油产量占全国的75%，占全省的90%。经深度加工提炼为"中国桉叶油"，曾一度畅销日本、新加坡、法国、

四川宜宾天然油樟植物园

油樟林

美国等 50 多个国家和地区，占国际贸易量的三分之一，出口世界各国都属于免检商品。其中以宜宾市古柏乡丰富村最具代表，丰富村油樟覆盖率达 90% 以上，有我国油樟之乡第一村美誉。樟树兜含黄樟素 3%～5%，是合成洋茉莉醛的重要原料；樟木香气浓郁、耐腐防蛀，是造船制箱、民用家具和美术工艺品的上等材；樟叶片含樟油 3.8%～4.5%，提取桉叶素，广泛用于医药、化工、香料、食品和国防工业；油樟种子榨油，可供制皂、作润滑油。

油樟还有许多别名，如香叶子树、香樟、樟木等。特有的地形气候造就了独特的宜宾油樟，宜宾市也有"全国最大天然油樟植物园"的称誉。由于油樟树干通直，冠大荫浓，因此也象征着宜宾经济兴盛，代表着宜宾人奋发向上、勤劳朴实。油樟树也成为宜昌市的独特标志，不仅在园林绿化中广泛应用，还带动了相关产业的发展，实现了经济、生态、社会三个效益的统一。

习性特征

油樟适生于酸性或微酸性土壤，喜温暖湿润气候，一般分布在海拔 800m 以下的丘陵地带，其最适海拔为 300～500m。油樟高达 20m，花期 5～6 月，果期 7～9 月。

67 樱花 *Cerasus* sp.

城市概览

　　樱花在我国分布很广，西部和西南部地区城市栽植最多。四川省甘孜藏族自治州选其为市树。我国武汉大学、湖南省植物园、北京玉渊潭公园的樱花景观也是闻名全国。

市树底蕴

　　樱花是蔷薇科樱属几种植物的统称，在《中国植物志》新修订的名称中专指"东京樱花"，亦称"日本樱花"。樱花品种相当繁多，数目有 300 种以上，全世界共有野生樱花约 150 种，中国有 50 多种。在全世界约 40 种樱花类植物野生种祖先中，原产于中国的有 33 种。樱花是重要的城市绿化树种，花色鲜艳亮丽，枝叶繁茂旺盛，是早春重要的观花树种，常群植，也可植于山坡、庭院、路边、建筑物前。盛开时节花繁艳丽，满树烂漫，如云似霞，极为壮观。

　　其实，樱花起源于中国。据日本权威著作《樱大鉴》记载，樱花原产于喜马拉雅山脉。被人工栽培后，这一物种逐步传入中国长江流域、西南地区及台湾岛。秦汉时期，宫廷皇族就已种植樱花，距今已有 2000 多年的栽培历史。汉唐时期，已普遍栽种在私家花园中，至盛唐时期，从宫苑廊庑到民舍田间，随处可见绚烂绽放的樱花，烘托出一个盛世华夏的伟岸身影。当时万国来朝，日本深慕中华文化之璀璨及樱花的种植和鉴赏，樱花随着建筑、服饰、茶道、剑道等一并被日本朝拜者带回了东瀛。

　　据文献资料考证，2000 多年前的秦汉时期，樱花已在中国宫苑内栽培。唐朝时樱花已普遍出现在私家庭院。白居易诗云："亦知官舍非吾宅，且劚山樱满院栽，上佐近来多五考，少应四度见花开""小园新种红樱树，闲绕花行便当游"，诗中清楚地说明诗人从山野掘回野生的山樱花植于庭院观赏。明代于若瀛的诗中提到樱花："三月雨声细，樱花疑杏花"。唐孟诜所著本草纲目，对樱的定义为："此乃樱非桃也，虽非桃类，以其形肖桃，故曰樱桃"。对山樱的释名为："此樱桃俗名李桃，前樱桃名

湖北武汉东湖磨山樱花园

北京玉渊潭樱花

湖南植物园樱花

樱非桃也"。

宋代成都郡丞何耕对垂枝早樱的主要特征描述得非常真实，为后人留下了宝贵的证据。他的《苦樱赋》中有，"余承乏成都郡丞，官居舫斋之东，有樱树焉：本大实小，其熟猥多鲜红可爱。其苦不可食，虽鸟雀亦弃之"，这里他描述本实大小，而果苦不可食者，绝不是樱桃，而必定是观赏樱花无疑。南宋时期，王僧达有诗曰："初樱动时艳，擅藻灼辉芳。细叶未开蕾，红花已发光。"可知，此樱是一株先花后叶的红色早花品种，幼叶浅黄色而花艳丽。明代李时珍著《本草纲目》中说："本小实大，甘甜，味美可食"，乃樱桃也。又根据他所说"达条扶疏而下"之句，则可断定这分明是一株垂枝早樱。

清吴其浚《植物名实图考》记载："冬海棠，生云南山中……冬初开红花，瓣长而圆，中有一缺，繁蕊中突出绿心一缕，与海棠、樱桃诸花皆不相类。春结红实长圆，大小如指，恒酸不可食"，这冬海棠即冬樱花，现在云南南部石屏、建水、元江等地还有很多，当地人至今仍称为"冬海棠"。从多种文献材料中可知，中国古时已确有钟花樱、垂枝樱、冬海棠、山樱等多种樱花引种栽培。而日本栽种樱花才千余年历史，比中国要晚 1000 余年。

由于日本樱花过于出名，他们曾培育出冠绝世界的品种，因此樱花一定程度上指日本樱花，或具有日本特色的樱花品种。喜马拉雅的樱花传往日本后，在精心培育下不断增加品种，成为一个丰富的樱家族。成为日本国花后，它更受关爱，也更受培养，于是出现观赏性更强的高等品种。然而，至今几种原生于喜马拉雅的樱花还在日本生长，如乔木樱、寒绯樱等。云南樱花与日本樱花同由原生腾冲、龙陵一带的苦樱桃演变而来，是一个变种，花由单瓣变重瓣，色由淡粉红色变深粉红色，这颜色与同为观赏度很高的日本樱花相区别，日本樱花的花多为淡粉红色。樱花也是日本的国花，日本人喜爱樱花，每年樱花开花的时候，会有专门的赏樱节——花见，这是十分重要的活动，还会有花宴、花舞、酒会等，十分热闹。弘前公园是日本东北地区数一数二的赏樱胜地，里面樱花的种类有 50 多种，共有 2600 多株，公园的整个占地面积将近 50hm²，主要种植的樱花是染井吉野樱，园内最古老的樱花树有 120 多年的历史，园内樱花的花期也主要是每年的 4 月下旬到 5 月下旬。东京较著名的樱花公园是上野恩赐公园和新宿御苑，上野恩赐公园是日本第一家被指定的公园，内部樱花的花期是 3 月下旬到 4 月下旬。长野县著名的赏樱公园是高远城址公园，里面的樱花众多，被誉为"天下第一樱"，公园内有许多超过百年的樱花树。同时樱花也是爱情与希望的象征，代表着高雅、质朴纯洁的爱情。

习性特征

樱花为温带、亚热带树种，喜阳光和温暖湿润的气候条件，有一定抗寒能力。对土壤的要求不严，宜在疏松肥沃、排水良好的沙质壤土生长，但不耐盐碱土。根系较浅，忌积水低洼地。有一定的耐寒和耐旱力，但对烟及风抗力弱。樱花高 4～16m，叶片椭圆卵形或倒卵形，边有尖锐重锯齿，齿端渐尖。托叶披针形，有羽裂腺齿，被柔毛，早落。花序伞形总状，有花 3～4 朵，先叶开放。花瓣白色或粉红色，椭圆卵形。核果近球形，黑色。花期 4 月，果期 5 月。

68 竹子 Bambusoideae Nees

城市概览

竹子是中国人精神生活中最重要的植物，辽宁以南地区均有应用，南方地区应用普遍，北方地区多小区域栽植或作室内景观使用。贵州省贵阳市选竹子为市树，我国还有安吉大竹海、蜀南竹海与赣南竹海等闻名世界的竹海景观。

市树底蕴

全世界有竹子1000多种，我国有500多种，我国是世界上竹子分布最多、利用最丰富的国家，素有"竹子王国"之称。第一个总部落户中国的机构——国际竹藤组织，就坐落于北京市朝阳区望京地段。

中国竹文化灿烂而丰富，彭镇华、江泽慧主编的《绿竹神气》一书记载了上万首与竹有关的诗词，记叙了千百年来中国利用竹子的历史。我国作为世界上最主要的产竹国，竹类资源、竹林面积、蓄积和产量均居世界首位。竹子在中国是一种图腾崇拜，是一种精神。不少文人墨客都喜爱竹子。北宋苏轼的诗句："宁可食无肉，不可居无竹"，可见人们对竹子的喜爱程度。在南方盛产竹子的地区，竹子在人们的日常生活中更是随处可见，竹楼、竹床、竹凳、竹篮、竹筏，到处都是竹子的身影。竹笋则是很好的食材。在古代，竹笋就已成为进贡朝圣的贡品；在我国佛教中，有不少名菜都是以竹笋为原料的。竹子全身可入药，有极高的药用价值。竹子很早就进入了中国园林，是同中国园林一同成长起来的，可以说竹子是中国园林的一大特色。竹子还被引种到国外许多国家，随着对竹子物理化学性

福建福州植物园：竹园

竹

质的逐渐认识，全球掀起了一股竹子热，竹制品更多地走向了寻常百姓家，竹子在人们的衣、食、住、行中都有着广泛的应用。

英国学者李约瑟说，东亚文明乃是"竹子文明"。竹子自古以来就被我国文人墨客所称颂，因此世人赋予了竹不同的寓意。

竹象征人的高尚品质。"竹林七贤"是魏晋年间七个文人名士的总称。《魏氏春秋》记载"嵇康与陈留阮籍、河内山涛、河南向秀、籍兄子咸、琅琊王戎、沛人刘伶相与友善，游于竹林，号称七贤。"竹子象征人的精神内涵。松竹越冬而不凋，梅耐寒而开花，松竹梅谓岁寒三友。我国文人墨客把竹子空心、挺直、四季青等生长特征赋予人格化的高雅、纯洁、虚心、有节、刚直等精神文化象征，而画竹则成为我国花鸟画的一个重要画种，我国清代的郑板桥以画竹天下闻名。古往今来，"人生贵有胸中竹"已成为众多文人雅士的偏好，常借梅、兰、竹、菊来表现自己清高拔俗的情趣，或作为自己品德的鉴戒，如当代诗人周天侯的《颂竹》：苦节凭自珍，雨过更无尘。岁寒论君子，碧绿织新春。

竹象征人的气节。竹之十德：竹身形挺直，宁折不弯，曰正直；竹虽有竹节，却不止步，曰奋进；竹外直中通，襟怀若谷，曰虚怀；竹有花深埋，素面朝天，曰质朴；竹一生一花，死亦无悔，曰奉献；竹玉竹临风，顶天立地，曰卓尔；竹虽曰卓尔，却不似松，曰善群；竹质地犹石，方可成器，曰性坚；竹化作符节，苏武秉持，曰操守；竹载文传世，任劳任怨，曰担当。

作为象形文的"竹"字，也许寓意着：立身要端直，处事要谦卑。古人爱竹，文人墨客为之挥毫吟咏，绘画抒怀，也形成了独有的竹文化。司马迁说：竹外有节礼，中直虚空。白居易有："水能性淡为吾友，竹解心虚即我师"。亦有："竹死不变节，花落有馀香"。古人认为竹本是草的一种，也许是因为它的中直、虚空、有节，才使它超然挺拔于其他草类之间，而且凌冬不凋，称为冬生草。司马光曾感慨竹子顽强的生命力，作《种竹斋》诗云："雪霜徒自白，柯叶不改绿"。竹子也是自然界存在的一种典型、具有良好力学性能的生物体，飓风能轻易将齐腰大树吹断，但不会令竹子折断。

历代文人墨客都不吝赞美竹子，江南有名的私家园林"个园"名字的由来也与竹子有着密切的联系。竹子在江南私家园林中应用较为常见，除环境适合生长外，更重要的是其独特的象征意义对于营造简远的意境效果起着非常重要的作用。

习性特征

竹类大都喜温暖湿润的气候，盛产于热带、亚热带和温带地区。竹子为速生型草本植物，其生长速度在植物界是十分显眼的，一般竹笋出土后10余天就可以长得和母竹一般高。也就是说，十几天就能长高10～20m，甚至更高，在夜深人静时，人还会听到竹子拔节的声音。竹子之所以能很快长高增粗，是由于分生组织细胞分裂、增大、伸长的结果。分生组织有的在植物的茎尖，有的在根尖，有的在植物侧面的形成层，有的在每一茎节间的基部。竹子每个节间的下部都具有分裂能力极强的居间分生组织。这些细胞在春天温暖、湿润的条件下，旺盛地分裂，迅速伸长。这样，竹子每节的分生组织同时活动，竹笋也就迅速地长高了。

竹子虽然比较常见，但是见到它开花的时候不多。由于竹子不像一般有花植物那样，每年开花结果，因此有人误认为竹子不开花。其实竹子是有花植物，等竹子到了一定时间年限，也会开花结实，竹子开花后会成片枯死，大面积竹林开花，会造成很大损失。竹子开花时一般会出现白色絮状物（花穗），花穗中有白色花丝和一种米粒大小的小颗粒，民间称为竹米，也具有很高的营养价值。

69 台湾山樱 *Cerasus serrulata* (Lindl.) G. Don ex London

城市概览

台湾山樱是樱花的一种，是台湾省特有的樱花品种，新北市以其为市树。

市树底蕴

台湾山樱是台湾特有的樱花品种，每年 1～4 月开花，3～5 朵共生，并有下垂性，多为单瓣。台湾山樱原产于台湾海拔 300～2500m 的南部山区。据说，鼓楼村的山樱由台湾人引进种植。在樱花类植物中属于较矮的落叶灌木，先开花后张叶。花色深红，数朵花重叠向下开放，花形有点像灯笼花，颜色有白色、紫红色，花色与叶芽色相映衬，有一种优雅的气质。

台湾山樱花开满种，花繁艳丽，极为壮观，是重要的园林观赏树种。唐代皮日休诗曰："婀娜枝香拂酒壶，向阳疑是不融酥。晚来嵬峨浑如醉，惟有春风独自扶"，以此来形容春日里台湾山樱花的婀娜多姿。台湾山樱花也可作小路行道树，树皮和新鲜嫩叶可药用。台湾山樱花移栽成活率极高，栽植后保护得当，很少发生死苗现象，被广泛用于绿化道路、小区、公园、庭院、河堤等，绿化效果明显。台湾山樱花的花语是热烈、纯洁、高尚。

习性特征

喜光，喜肥沃、深厚而排水良好的微酸性土壤，中性土也能适应，不耐盐碱。耐寒，喜空气湿度大的环境。根系较浅，忌积水与低湿。对烟尘和有害气体的抵抗力较差。

台湾山樱 台湾山樱

70 台湾五叶松 *Pinus taiwanensis* Hayata

城市概览

台湾五叶松在我国安徽、福建、广东、广西、贵州、海南、河南、湖北、湖南、江苏、江西、陕西、四川、台湾、云南、浙江等省区均有分布。台湾省台中市以其为市树。

市树底蕴

台湾五叶松为大乔木，树姿挺拔，树形健美，在城市园林绿化中具有较高价值，同时也是山地绿化的优良树种。特别是在山地种植可以形成独特的峭壁景观，让我们不得不感叹大自然的神奇和台湾五叶松顽强的生命力。

台湾五叶松为台中市的市树。台湾中部地区多为泥岩地，地形陡峭，破碎带十分发达，由于地壳受到剧烈的挤压，因此形成了岩质局部坚硬、局部却十分脆弱的现象。由于地理位置与地形阻隔的关系，气候上受东北季风的影响较小，每年大约有三个月的干旱。除少数区域较潮湿外，整体环境属于偏干型态。地处中部的八仙山森林游乐区海拔为 700～2500m，地势陡峭，岩石及土壤冲蚀剧烈，土质较浅，土壤常混有石片及石砾。看到峭壁上悬挂着苍劲挺拔的台湾五叶松，真为它捏把冷汗，巨大的树身及枝桠（枝丫）要终年屹立在容易崩落的悬崖上，保持平衡是很大的挑战。当台湾五叶松的树干或树枝有一侧受到压迫时，它便会在那一侧的树干上增生木材，企图将整棵树推回正常的平衡点，避免树干或树枝被自己的重量拉扯往下。若有机会观察生长于峭壁上的台湾五叶松不规则的年轮，就能发现它努力取得平衡的忠实记录。此外，为了在峭壁上保水力差的土壤中取得足够的水分，高人一等的树冠层可以接收第一手的降雨，向地下深层扎根，可以吸收更多地下水，针状的叶子可以减少水分蒸发。面对外在环境的挑战，植物总会演化出一套生存机制来延续生命。

台湾五叶松盆景

台湾五叶松古树

露根五叶松与掬月亭

习性特征

台湾五叶松分布于中央山脉海拔 300 ～ 2000m 的山区，沿山脊散生，一般生于针阔混交林中，不成纯林。台湾五叶松的树皮在树龄达 22 年后开始出现龟甲状裂纹，越老越明显，其球果长型，种子有翅。

71 枫香树 *Liquidambar formosana* Hance

城市概览

枫香树在我国秦岭—淮河以南各省栽植广泛。台湾省基隆市以其为市树。

市树底蕴

枫香树株型优美，枫香树在夏初呈现深绿色，随着秋季昼夜温差加大而逐渐变为红色、紫色、橙色等颜色，具有很高的观赏价值，可作庭荫树，可于草地孤植、丛植，或于山坡、池畔与其他树木混植。倘与常绿树丛配合种植，秋季红绿相衬，会显得格外美丽。又因枫香树具有较强的耐火性和对有毒气体的抗性，可用于厂矿区绿化。但因不耐修剪，大树移植又较困难，故一般不宜用作行道树。

一些城市也因种植枫香树而被人们熟知。安徽省舒城县以驻地枫香树得名，相传驻地附近山坡上，原来生长有很多枫香树，有的高达 20m 有余，直径达 1.6m，由此得名。1950 年建置枫香树区、枫香树乡。贵州省遵义县也设有枫香镇，距遵义市 50km，距"国酒之乡"茅台 28km。

另外，枫香染还是布依族的一门传统技艺，因其工艺独特，图案极具感染力，获得了"画布上的青花瓷""布依族不需出土的文物"等美誉。2008 年 6 月"枫香染"还入选了国家级非物质文化遗产名录。可以说，枫香染不仅是布依族的文化传承，还是非遗文化的重要组成部分。

习性特征

枫香树喜温暖湿润气候，性喜光，幼树稍耐阴，耐干旱瘠薄土壤，不耐水涝。在湿润肥沃而深厚的红黄壤土上生长良好。深根性，主根粗长，抗风力强，不耐移植及修剪。种子有隔年发芽的习性，不耐寒，黄河以北不能露地越冬，为不耐盐碱及干旱落叶乔木。枫香树高达 30m，胸径最大可达

枫香

浙江指南村千年枫香

云南昆明植物园枫香大道

1m，树皮灰褐色，方块状剥落；叶薄革质，阔卵形，掌状 3 裂，掌状脉 3 ～ 5 条；雄性短穗状花序常多个排成总状，雌性头状花序，有花 24 ～ 43 朵，头状果序圆球形。蒴果下半部藏于花序轴内。种子多数，褐色。花期 3 ～ 4 月，果期 10 月。

浙江杭州五彩枫香路

72 泡桐 *Paulownia fortunei* (Seem.) Hemsl.

城市概览

泡桐在我国分布范围很广，几乎全国各地均有种植。安徽省亳州市以其为市树。河南省兰考县也是我国有名的"泡桐之乡"。

市树底蕴

泡桐为落叶乔木，生长迅速，树体高大，树姿优美，花色美丽鲜艳，淡紫色和白色的花朵开满枝头，景观效果较好，并有较强的净化空气和抗大气污染的能力，是城市和工矿区绿化的好树种。

泡桐还是一种重要的经济树种。泡桐木材纹理通直，结构均匀，不挠不裂，易于加工。其气干容重轻，隔潮性好，不易变形；声学性好，共鸣性强；不易燃烧，油漆染色良好；可供建筑、家具、人造板和乐器等用材，特别适合制作航空、舰船模型、胶合板、救生器械等，由于其木质疏松、共振好，也适合制作乐器，小枝可用来制作炭笔，仅在河南省兰考县就有大小乐器厂上百家。同时，桐材的纤维素含量高、材色较浅，是造纸工业的好原料。叶、花、果和树皮可入药。

另外，泡桐的花语也是比较浪漫的，是永恒的守候及期待你的爱。据说，在日本的传统文化中，如果有人家里生了个女孩，他们就会在自己房子的前面种上一棵泡桐树，这棵泡桐树会慢慢地生长，等到自己的女儿要出嫁的时候，泡桐树也会长得很高，然后就可以使用这棵泡桐树的木材为自己的女儿打造出一整套的家具作为嫁妆。在这个说法里面就引申出了泡桐的花语——期待你的爱。此外，日本的传说里还会将我们对梧桐的传说引申到泡桐的身上，认为泡桐树可以吸引凤凰，不过这种说法有一些牵强。

习性特征

泡桐是阳性树种，最适宜生长于排水良好、土层深厚、通气性好的沙壤土或砂砾土中，它喜湿润肥沃土壤，以 pH 6～8 为好。由于泡桐的适应性较强，一般在酸性或碱性较强的土壤中，或在较瘠薄的低山、丘陵或平原地区也均能生长，但忌积水。泡桐在热带为常绿，树冠圆锥形、伞形或近圆柱形，叶对生，大而有长柄。聚伞花序；花冠大，紫色或白色，漏斗状钟形至管状漏斗形。蒴果，果皮较薄或较厚而木质化；种子小而多，有膜质翅。花期 4～5 月，果期 8～9 月。

泡桐大道

参 考 文 献

艾百拉·热合曼，籍保平，周峰. 2018. 沙枣果实营养、活性成分及药理作用研究进展. 食品工业科技，(3): 343-352.

安国凤，谷杰超. 2012. 杏树的实用价值、种植前景及栽培技术. 中国园艺文摘，(5): 164-165.

包琰，王锐，冯广平，等. 2013. 略论古徽州的植物文化. 科学通报，(A1): 234.

薄楠林，彭重华，种洁，等. 2008. 白皮松的特性及园林应用. 北方园艺，(3): 184-186.

陈斌. 2012. 舟山新木姜子育种及园林应用. 中国花卉园艺，(24): 35-36.

陈传馨. 2017. 松树文化的探寻. 福建林业，(2): 20.

陈定如. 2006. 红花羊蹄甲（红花紫荆、香港紫荆、洋紫荆）苏木科. 广东园林，28(6): 63-64.

陈定如. 2009. 马尾松、罗汉松、圆柏、侧柏. 广东园林，(6): 78-79.

陈定如，王缺. 2007. 榕树与黄葛榕. 广东园林，29(1): 80.

陈凤洁，樊宝敏. 2012. 银杏文化历史变迁述评. 北京林业大学学报（社会科学版），(2): 28-33.

陈凤洁，樊宝敏. 2013. 佛教对银杏文化的影响. 世界林业研究，(6): 10-14.

陈恒彬，周新月. 1995. 常见棕榈科植物在园林绿化中的应用. 亚热带植物科学，24(2): 46-50.

陈一山，郭金涛，陈勇. 2001. 国槐的文化内涵及其园艺品种. 北京林业大学学报，(A2): 86-88, 149.

陈易依，姜卫兵，魏家星. 2015. 荔枝的特征及其在园林绿化中的应用. 湖南农业科学，(12): 134-137.

陈有民. 2007. 园林树木学（修订版）. 北京：中国林业出版社.

陈有民. 2011. 园林树木学. 北京：中国林业出版社.

程昌锦，蔡春菊，漆良华，等. 2017. 竹类植物在园林中的应用研究. 世界林业研究，30(6): 29-33.

戴启金，杨林，朱正普. 2005. 女贞的综合利用及栽培技术. 林业科技通讯，(6): 38-40.

邓如意，于响，刘利英，等. 2013. 彩叶树种云杉的栽培与园林应用. 现代农村科技，(12): 49.

邓运川. 2013. 杏树观赏价值及园林应用. 中国花卉园艺，(8): 49.

邓运川，王增池，岳明强. 2010. 龙柏的栽培管理技术. 南方农业（园林花卉版），4(3): 72-73.

定明谦. 2004. 浅谈松树的用途. 甘肃林业，(4): 36-37.

董淑静，张小赛，蒋新芳. 2013. 彩叶树种花叶黑松的栽培与园林应用. 现代农村科技，(11): 54.

方根深，储德裕. 2003. 园林绿化的彩叶树种——枫香. 林业科技通讯，(12): 39.

费青. 2009. "槐花黄 举子忙"：透视槐树文化与科举制度. 中国城市林业，(5): 39-40, 66.

冯君，曲林波，张永强. 2016. 城市园林植物的配置探讨. 现代园艺，(1): 55.

冯杨菲，李松谓. 2018. 乡土树种侧柏的栽培技术及园林应用. 建筑工程技术与设计，(1): 1759.

冯媛媛，姜卫兵，魏家星. 2014. 论刺桐属树种的园林特性及其应用. 湖南农业科学，(20): 69-72.

高浩杰，王国明，高平仕. 2016. 浙江沿海地区舟山新木姜子群落及种群结构特征分析. 植物资源与环境学报，(1): 94-101.

龚守富. 2010. 杜英育苗技术及 在园林中的应用. 林业实用技术，(5): 48-49.

关传友. 2010a. 论樟树的栽培史与樟树文化. 农业考古，(1): 286-292.

关传友. 2010b. 榆树的栽培历史及与之相关的文化现象. 古今农业，(2): 83-93.

何秋华，廖学军. 2010. 雪松在南方园林中的应用. 花卉，(6): 29.

胡斌. 2011. 国槐的养护及其在园林中的应用. 北京农业，(15): 133.

胡明春. 2014. 辛夷花的社会价值及现代园林中的应用. 城乡建设，(4): 52-53.

胡旭燕，李君. 2013. 银杏、枫香等6种彩叶树木在园林绿化中的应用. 现代园艺，(6): 108, 110.

虎利平，王立新. 2009. 枣树在园林及庭院绿化中的应用. 现代农业科技，(17): 228.

华君. 2009. 榕树在园林绿化中的应用. 花卉，(11): 13.

黄淑艳，刘红耀，吕贵凡，等. 2014. 园林绿化树种侧柏繁殖及应用. 现代农村科技，(22): 47-48.

黄伟锋，黄雁婷，李艺伟. 2013. 3种羊蹄甲属乔木的形态辨识. 中国园艺文摘，(9): 153-154.

黄月明. 2010. 榕树在园林中的应用. 吉林农业，(9): 212.

纪永贵. 2010. 樟树意象的文化象征. 阅江学刊，(1): 130-137.

江聂，姜卫兵，翁忙玲，等. 2008. 枫香的园林特性及其开发利用. 江西农业学报，(12): 46-49.

蒋巧媛，莫彬. 2003. 植物拉丁学名及其索引编排标准化的重要意义. 广西植物，23(4): 372, 382-384.

金平，刘应珍，吴洪娥，等. 2015. 南方红豆杉在园林绿化中的应用探析. 贵州科学，(5): 48-51.

匡旭华. 2004. 浅谈干旱地区园林植物应用与管理. 石河子科技，(1): 37-38.

李斌,顾万春.2003.白皮松分布特点与研究进展.林业科学研究,16(2): 225-232.

李高,赵璐,王磊.2015.五角枫繁殖栽培及园林应用.现代农村科技,(4): 47-48.

李汉友.2010.七叶树的生物学特性与应用开发.安徽农学通报,16(7): 92-93.

李俊波,居军磊,轩晓燕,等.2014.园林绿化树种白蜡繁殖及应用.现代农村科技,(23): 46-47.

李俊霞,白学平,张先亮,等.2017.大兴安岭林区南、北部天然樟子松生长对气候变化的响应差异.生态学报,(21): 7232-7241.

李美.2012.七叶树培育技术及园林应用.安徽林业科技,(1): 66-67.

李全发,吴静.2011.雪松在园林绿化中的应用.安徽农业科学,(31): 19289-19290, 19309.

李艳.2006.白蜡树属树种的园林应用探讨.湖北林业科技,(1): 48-52.

李滢,薛斌.2010.樟子松在乌兰察布市城镇园林绿化中的应用.林业科技通讯,(10): 41.

李湧.2011.中国花木民俗文化.郑州:中原农民出版社.

李中岳.2005.珍贵树种:舟山新木姜子钟萼木.园林,(7): 36-37.

廖振军.2006.银杏在园林造景中的应用.安徽农业科学,34(2): 230.

林炳艺.2012.凤凰木的人工栽培技术及在园林中的应用.安徽农学通报(下半月刊),(16): 123, 157.

林圣玉.2010.香樟在园林绿化中的应用与分析.中国林业,(22): 49.

林晓民,王少先,高文.2016.中国树木文化.北京:中国农业出版社.

刘常富,何兴元,陈玮,等.2003.沈阳城市森林群落的树种组合选择.应用生态学报,14 (12): 2103-2107.

刘粹纯,黄伟锋.2012.羊蹄甲属乔木的文化意蕴及其园林应用.现代园艺,(4): 44.

刘芳,章尧想,马迎宾,等.2015.乌兰布和沙漠绿洲樟子松(Pinus sylvestris var. mongolica)生长规律初探.中国沙漠,35 (5): 1234-1238.

刘贵峰,丁易,臧润国,等.2011.天山云杉种群分布格局.应用生态学报,(1): 9-13.

刘娟,古伟鹏.2016.樱花品种资源及园林应用.现代园艺,(16): 126.

刘娟,庄志勇,唐雯.2014.观赏竹在园林景观中的应用研究.湖南农业科学,(21): 54-56.

刘磊,李旖旎,夏磊,等.2013.重庆地区黄葛树夏季光合日变化与主要环境因子的关系.西南师范大学学报(自然科学版),38 (3): 120-126.

刘丽,李振坚,翟飞飞,等.2016.基于叶、枝特性的柳树苗期观赏性评判.林业科学研究,29 (6): 926-932.

刘连海,唐昌亮,文才臻,等.2016.洋紫荆的文化内涵及其园林应用价值.林业与环境科学,(3): 104-107.

刘少辉,王新彩.2013.油松栽培特性及园林应用.现代农村科技,(17): 47.

刘顺良,张喜旺,郭翠英.2001.银杏叶开发应用研究现状.中国药业,10(5): 46-47.

刘思凡,彭向文.2015.垂柳在园林绿化中的应用.福建农业,(3): 144.

刘伟龙.2004.中国桂花文化研究.南京林业大学硕士学位论文.

刘晓丽,冯广平.2008.槐与槐文化.大自然,(3): 74-75.

刘秀丽.2012.中国玉兰种质资源调查及亲缘关系的研究.北京林业大学博士学位论文.

刘秀丽,张启翔.2009.中国玉兰花文化及其园林应用浅析.北京林业大学学报(社会科学版),(3): 54-58.

柳晨意,黄勇.2008.国产刺槐属植物特性及其园林应用价值.安徽农业科学杂志,(28): 12169-12170, 12185.

罗紫蛟.2016.合欢的文化寓意及园林应用.河北农机,(4): 38.

梅芳.2016.合欢栽培技术及园林应用.中国园艺文摘,(6): 170, 172.

缪满英.2012.名贵园林树种——七叶树.浙江林业,(7): 27.

莫才银.2016.柳树的文化内涵及园林绿化应用.中国新技术新产品,(19): 164-165.

牛小刚.2016.七叶树的栽培管理及园林应用.花卉,(23): 13-14.

奴尔斯曼古丽·玉苏音.2015.白蜡树属树种在城市园林中的应用.现代园艺,(24): 154.

欧应田,钟孟坚,黎华寿.2007.运用生态学原理指导城市古树名木保护——以东莞千年古秋枫保护为例.中国园林,23 (12): 71-74.

潘剑彬.2007.浅谈各地市花及市树的选择.农业科技与信息,(11): 69-71.

潘延宾,姚崇怀.2012.关于新引入园林植物名称规范化的探讨.中国园林,28(10): 75-77.

裴仙娥.2005.乡土树种国槐变种的繁殖与应用.宁夏农林科技,(3): 56-57.

彭镇华.2006.中国竹文化 绿竹神气.北京:中国林业出版社.

彭镇华,江泽慧.2012.绿竹神气 中国一百首咏竹古诗词精选.北京:外文出版社.

彭镇华,张旭东.2004.乔木在城市森林建设中的重要作用.林业科学研究,17 (5): 666-673.

戚康标.2001.中国珍稀濒危动物植物辞典.广州:广东人民出版社.

钱又宇,薛隽.2008.世界著名观赏树木糖槭.园林,(9): 72.

秦仲，李湛东，成仿云，等 . 2015. 夏季栾树群落冠层结构对其环境温湿度的调节作用 . 应用生态学报 , (6): 1634-1640.

尚富德，韩远记，袁王俊，等 . 2012. 木犀属及桂花品种分类研究进展 . 河南大学学报 (自然科学版), (5): 608-612.

邵刚 . 2010. 银杏的文化意蕴及其在城市绿化中的应用 . 中国城市林业 , (1): 60-62.

邵明，张晶 . 2017. 绿化树种东北黑松苗木培育 . 中国林副特产 , (1): 43-44.

绍兴市会稽山古香榧群保护管理局 . 2017. 全球重要农业文化遗产：浙江绍兴会稽山古香榧群 . 中国农业大学学报 (社会科学版), 34(3): 1.

沈德军 . 2012. 女贞育苗技术及其在园林中的应用 . 安徽农学通报 , 18(22): 72-73.

沈海兵 . 2012. 雪松在园林绿化中应用的探讨 . 现代园艺 , (18): 78.

施士争 . 2008. 柳树的园林应用类型与改良 . 西北林学院学报 , 23(4): 200-204.

舒迎澜 . 2007. 古代椰子的引种与利用 . 园林 , (4): 40-41.

宋建华，戚鹏飞 . 2007. 合欢的景感特征及在城市园林绿化中的应用 . 现代园艺 , (7): 26.

宋建华，王彩云 . 2009. 合欢在现代园林中的意境初探 . 中国花卉园艺 , (8): 132-134.

苏孝同 . 2005. 榕城与榕树文化 . 中国城市林业 , (3): 75-79.

苏悦 . 2005. 银杏树在园林绿化中的重要地位及应用 . 辽宁工业大学学报 (自然科学版), 25(6): 394-396.

孙苏南，王小德，邓磷曦，等 . 2013. 水杉、池杉、落羽杉在园林植物造景中的应用 . 福建林业科技 , (2): 171-175.

孙玉军 . 2007. 油松在园林绿化中的应用与栽植 . 河北林业科技 , (A1): 181.

唐桂梅，姜卫兵 . 2006. 论槐树家族及其在园林绿化中的应用 . 安徽农业科学 , 34(18): 4577-4579.

唐桂梅，姜卫兵，翁忙玲 . 2007. 论柳树家族及其在园林绿化上的应用 . 中国农学通报 , 23(3): 318-323.

陶爱群 . 2014. 枣树的观赏价值及其园林应用 . 中国园艺文摘 , (6): 94-95.

田英翠，杨柳青，曹受金 . 2006. 广玉兰在园林景观设计中的应用 . 安徽农业科学 , 34 (19): 4926-4927.

汪小飞，史佑海，向其柏 . 2006. 中国古典园林与现代园林中桂花应用研究 . 农林经济管理学报 , 5(2): 85-87.

王爱军 . 2015. 银杏的文化意蕴及其在城市绿化中的应用 . 文摘版 (自然科学), (3): 80.

王辰，高新宇 . 2013. 聆听树木之语 . 重庆：重庆大学出版社 .

王美冬 . 2017. 试分析植物的文化内涵在园林景观中的应用 . 现代园艺 , (2): 132.

王婷婷，董嘉莹 . 2013. 樟树文化内涵的探讨 . 中国城市林业 , (4): 58-60.

王万喜，贾德华 . 2007. 香樟在园林绿化中的应用 . 北方园艺 , (4): 144-145.

王玮玮，沈赟，吴庆森 . 2014. 樱花的文化内涵及其园林应用 . 山西建筑 , (20): 245-246, 264.

王晓乔，李迎春 . 2017. 解读成都武侯祠的古柏 . 中华文化论坛 , (6): 132-136.

王志雄，段治全 . 2002. 合欢栽培技术及园林应用 . 林业实用技术 , (1): 23-24.

魏家星，姜卫兵，翁忙玲 . 2008. 七叶树的文化意蕴及在园林绿化中的作用 . 中国农学通报 , (12): 356-359.

温健，杨扬，王丹 . 2013. 浅谈榆树在我国北方城乡绿化中的应用 . 防护林科技 , (7): 60-61.

文韬 . 2015. 无竹何以令人俗：古典园林竹文化意蕴新探 . 文艺研究 , (6): 139-148.

翁有志，姜卫兵，翁忙玲 . 2007. 合欢的文化意蕴及其在园林绿化中的应用 . 安徽农业科学杂志 , (35): 11449-11450.

巫柳兰 . 2010. 遵义市市树遴选和城市森林建设研究 . 中南林业科技大学硕士学位论文 .

吴菲，王广勇，赵世伟，等 . 2013. 北京植物园松科植物综合评价及园林应用研究 . 中国农学通报 , 29 (1): 213-220.

吴福川，袁军，廖博儒，等 . 2009. 中国城市市花市树研究 . 中国农学通报 , 25 (20) : 192-195.

吴绍球 . 2001. 优良的城市绿化和观赏树种 —— 广玉兰 . 广东园林 , (2): 44.

吴士英，沈奇东，王红梅 . 2013. 云杉繁育技术及园林应用 . 现代农村科技 , (8): 47.

吴云海，邢春红 . 2010. 红松在园林绿化中的移栽与管护技术 . 河北林业科技 , (1): 96.

郄光发，彭镇华，王成 . 2013. 北京城区银杏行道树生长现状与健康状况研究 . 林业科学研究 , 26 (4): 511-515.

郄光发，王成，彭镇华 . 2012. 我国城市森林建设树种选择现状与策略 . 世界林业研究 , 25 (4) : 63-66.

谢佐桂，梁仟议 . 2009. 凤凰木在深圳园林中的应用 . 广东园林 , (6): 54-56.

修莹莹 . 2017. 城市园林绿化树种的选择原则与方法探究 . 工业技术 , (1) : 14.

徐宏化，翠溪知识 . 2016. 香榧 . 分子植物育种 , (9): 2565.

徐士岐 . 2018. 历史与文化的守望者 —— 颐和园古树名木 . 国土绿化 , (1): 42-43.

闫桂芹 . 2015. 桃树在园林景观中的管护技术及应用 . 现代园艺 , (7): 42-44.

杨芳绒，陈培玉 . 2010. 不同刺槐品种的观赏性评定与园林应用 . 江西农业学报 , (11): 45-47.

杨新宁，刘彩云，李玲 . 2012. 浅谈桃树的品种及生长习性 . 现代园艺 , (6): 64.

尹礼国，凌跃，杜永华，等 . 2014. 宜宾油樟营养器官精油主成分分析 . 江苏农业科学 , (11): 348-350, 355.

游秋花，黄敏，孟林林，等 . 2013. 梧桐的传统文化内涵及其园林应用 . 中国园艺文摘 , 29(5): 106-107.

于波涛，齐木村 . 2015. 寒地城市功能性生态园林树种选择技术 . 浙江农林大学学报 , (5): 743-748.

于响, 邓如意, 王训磊. 2013. 彩叶树种水杉的栽培与园林应用. 现代农村科技, (12): 50.

余平福, 唐春红, 戴海军, 等. 2013. 优良园林树种扁桃树的育苗及移植技术. 中国园艺文摘, (6): 87-88.

鱼凤玲. 2002. 园林观叶树种——槭树. 中国林业, (3): 26.

袁宝财, 单巧玲. 2001. 沙枣树经济价值与栽培技术. 林业科技通讯, (8): 36.

袁仲实. 2017. 道教文化的"竹"情结. 中国宗教, (8): 68-69.

臧德奎, 马燕, 向其柏. 2011. 桂花的文化意蕴及其在苏州古典园林中的应用. 中国园林, 27(10): 66-69.

张宝鑫, 张治明, 李延明. 2009. 北京地区园林树种选择和应用研究. 中国园林, 25 (4) : 94-98.

张畅, 姜卫兵, 韩健. 2010. 论榆树及其在园林绿化中的应用. 中国农学通报, 26(10): 202-206.

张翠琴, 姬志峰, 林丽丽, 等. 2015. 五角枫种群表型多样性. 生态学报, (16): 5343-5352.

张福田, 席维芳. 1987. 中国珍贵动植物. 合肥: 安徽教育出版社.

张慧珠. 2004. 地方感知下的城市植物景观研究——以南京梧桐植物景观为例. 南京林业大学硕士学位论文.

张建成, 屈红征. 2004. 扁桃的栽培利用及其发展前景. 河北果树, (1): 4-5.

张洁明, 孙景宽, 刘宝玉, 等. 2006. 盐胁迫对荆条、白蜡、沙枣种子萌发的影响. 植物研究, (5): 595-599.

张开文, 从睿. 2017. 凤凰木——深圳的焰火. 园林, (10): 60-63.

张青. 2011. 枣树在园林绿化中的应用. 北方园艺, (19): 85-86.

张伟, 张锐. 2012. 浅谈香樟的栽植养护管理及园林应用. 现代园艺, (13): 44-45.

张锡象, 陈建松. 2004. 保护乡土树种维护生态平衡. 中国林业, (9): 32-33.

张新荣. 2009. 浅谈香樟在园林绿化中的应用. 中国花卉园艺, (8): 126-127.

张轩溢, 朱志鹏, 陈梓茹, 等. 2017. 科技发展下古树名木宣传保护新思路. 中国园艺文摘, 33 (2) : 71-75.

张喆, 郄光发, 王成, 等. 2017. 多尺度植物色彩表征及其与人体响应关系研究. 生态学报, 37 (15) : 5070-5079.

张志明. 2005. 绒毛白蜡在盐碱地区园林绿化中的应用探讨. 河北林业科技, (4): 165-166.

张志永, 毕超, 杨晓晖, 等. 2017. 中国古代榆树文化的基本内涵. 中国城市林业, (4): 46-50.

赵建文. 2009. 浅谈提高扁桃树移植成活率的措施. 农业研究与应用, (4): 69-70.

赵艳玲, 赵彦征. 2017. 枣树栽培技术及园林应用. 现代农村科技, (8): 60-61.

赵焱, 张学忠, 王孝安. 1995. 白皮松天然林地理分布规律研究. 西北植物学报, (2): 161-166.

赵娱, 张菲, 许中旗, 等. 2017. 塞罕坝地区樟子松生长过程研究. 林业资源管理, (5): 39-44.

者文龙. 2011. 经济树种杏树及开发利用. 中国林副特产, (4): 108-109.

郑芳. 2005. 濒危植物博览. 呼和浩特: 远方出版社.

郑林丽. 2014. 温度对枫香树叶色素的影响. 现代园艺, (6): 13-14.

中国科学院中国植物志编辑委员会. 1979. 中国植物志. 北京: 科学出版社.

周华荣. 2015. 凤凰木的文化内涵及在园林绿化中的应用. 房地产导刊, (9): 240.

周纪刚, 徐平, 舒夏竺, 等. 2014. 阴香高效栽培技术. 林业实用技术, (4): 58-59.

周鹏. 2013. 棕榈科植物的特征及其在园林绿化与造景中的地位与作用. 热带生物学报, 4(3): 296-302.

周兴文, 毛伟. 2012. 女贞的园林应用及栽培管理. 陕西农业科学, (1): 149-150.

周兴文, 朱宇林. 2011. 紫玉兰的观赏特性及其在园林中的应用. 北方园艺, (8): 93-95.

周云庵. 2011. 秋园居树木闲吟. 北京: 中国林业出版社.

朱国飞, 姜卫兵, 翁忙玲, 等. 2009. 相思树的文化意蕴及其在园林绿化中的应用. 江西农业学报, (6): 57-60.

朱衍杰, 张秀省, 穆红梅. 2013. 国槐的研究进展. 林业科技通讯, (3): 11-15.

朱仲权, 吴珍蓉. 2006. 沙枣树种可作为改良盐碱地先锋树种. 农村科技, (1): 52.

Souro D, Joardar K. 1998. Classification of landscape plants for environmental design uses. Journal of Architectural & Planning Research, 15 (2): 109-132.

Zhang Z, Qie G F, Wang C, et al. 2017. Relationship between forest color characteristics and scenic beauty: case study analyzing pictures of mountainous forests at sloped positions in Jiuzhai Valley, China. Forests, 8(3): 63.